衝突管理

汪明生・朱斌妤　等著

五南圖書出版公司 印行

作者簡歷

（依姓氏筆畫爲序）

王萬清

    學歷：國立臺灣師範大學教育心理與輔導學博士

    現職：國立中山大學公共事務管理研究所兼任副教授

           國立臺南師範學院初等教育系副教授

王維賢

    學歷：美國聖地牙哥加州大學化學博士

    現職：國立中山大學海洋資源學系教授

朱斌妤

    學歷：美國史丹福大學工程經濟系統學博士

    現職：國立中山大學公共事務管理研究所副教授

汪明生

    學歷：美國印第安納大學公共與環境事務學院公共事務博士

    現職：國立中山大學公共事務管理研究所教授

邱文彥

    學歷：美國賓夕法尼亞大學都市與區域規劃研究所博士

    現職：國立中山大學海洋環境及工程學系副教授

葛應欽

    學歷：高雄醫學院醫學研究所醫學博士

    現職：高雄醫學院公共衛生學系教授

序　言

　　我國自七十六年民主化轉型以來,由議事殿堂、社區街頭、傳播媒體、組織與機構間與其內、乃至家庭內與個人間,都因政經多元化發展下有形與無形的供需落差與既往威權專制體系的逐漸鬆動而呈現各種型態與主題的紛爭衝突,於是危機管理(crisis management)等課題即以組織(包括企業、政府,與非營利機構)爲本位的思考而大行其道,衝突(conflict)、紛爭(dispute)、談判(negotiation)、調解(mediation)、仲裁(arbitration)、風險(risk)等專有名詞一一出籠,而領導、溝通、協調、價值、認知、態度、決策、判斷、乃至倫理等管理領域之基本架構亦與之充分結合,而成一時顯學。

　　然若由社會總體視之,則危機管理實乃局部短期之思考,較根本之課題應爲變局管理(change management),而因社會大眾所感受的明顯衝擊與其中所突顯代表的衝突與紛爭,故宜以衝突管理(conflict management)名之,以作較完整之涵蓋與根本之因應。

　　衝突管理較有系統的發展應始自一九七○年代由區域科學(regional science)之父的 Walter Isard 所建構的和平科學(peace science)。無論由全球局勢、政治體制、經濟發展、科技水準、社會價值,乃至公民文化視之,一九七○年代皆是西方社會面臨較大衝擊與變革的時代,而懷抱現代化區域科學、政策科學,與管理科學等科際整合的成果經驗及對社會大眾公共福祉確保追求的關懷熱誠,衝突管理乃由空間層面的全球、國際、區域、都市、社區,時間層面的立即、流程(周期)、世代、永續,以及心理學、社會學、人類學等行爲科學領域,乃至哲學倫理等角度逐漸融匯整合,並廣泛應用。

一九九〇年代的臺灣所面對的多元化變局與一九七〇年代歐美有其概括近似之處，以對社會大眾生活品質的直接衝擊而言，則環境公害應是衝突管理中較具代表性的。臺灣迄今亦只有環保署設有「公害糾紛與管制考核處」，對此課題予以有系統地正面因應。然自八十一年通過「公害糾紛處理法」及八十二年頒訂「公糾法施行細則」等科技與法律層面的成果以來，公害糾紛的發生及處理並未能完全有效地掌握，故即自八十四年起加強以衝突管理爲主的配合努力，包括八十四年委託以非營利第三部門協助紛爭調處的 ADR（Alternative Dispute Resolution）機制及八十五年委託以建立廠商與社區間定期常設溝通管道的 CAP（Community Advisory Panel）機制等相關研究，並支持逐步整理衝突管理相關國內外文獻之工作。「衝突管理」一書即是這些努力主要的初步成果，而進一步的國內案例及實證研究則有待後續的努力，至於「公共倫理」亦是於我國國情文化下與衝突管理密切相關而不可忽視的課題領域，有待未來逐漸加入結合。

　　本書係由中山大學海資系王維賢教授、海環系邱文彥教授、高雄醫學院公共衛生系葛應欽教授、臺南師範學院王萬清教授、中山大學公共事務管理研究所朱斌妤教授及本人等共同合作完成，在此並感謝國立高雄科學技術學院工管系黃營芳教授，及五南圖書出版公司協助出版及環保署管考處的相關經費補助。

　　由於「衝突管理」之相關國內參考文獻不多，而本書又係一版發行，無論在內容或文字上疏漏之處必多，請各界先進方家不吝指正。

汪明生

高雄西子灣

中山大學公共事務管理研究所

目　錄

1

汪明生　朱斌妤

衝突管理簡介

▌前　　言．

　　在追求更安全、健康之實質環境的過程中，若干環境紛爭事件固然不可避免，然而近年來，臺灣地區之環境紛爭事件顯然正功能未彰，造成相當社會成本。傳統的紛爭處理方式（如司法途徑）往往是頭痛醫頭、腳痛醫腳，這類方式在紛爭衝突爆發之時或可派上用場，卻未針對衝突的真正原因予以通盤的掌握，有時甚至是解決了今日眼前的問題，卻埋下了他日更嚴重衝突抗爭的導火線。

　　衝突管理（conflict management）的觀念即是為因應傳統紛爭處理方式的不足所生，傳統的紛爭處理方式只是被動的、暫時性的解決一件已發生的紛爭事件，而衝突管理則是希望以管理的角度且運用相關理論來因應及預應衝突事件──包括尚未發生、已發生與無限期進行中的衝突事件，而不同於一般傳統紛爭處理方式。衝突管理面向包括有：(1)事前衝突預防面；(2)事後衝突處理面。

　　以環境衝突為例，衝突管理面向包括有：

　　☞ **事前衝突預防面**

　　工作包括事前規劃與評估（如環境影響評估）、（人際）組織溝通、工作小組設計、綠色管理、與健全法令規定等，目的在於以協調與規範各利害關係群體的行為，建立組織間協調模式，鼓勵多元化合作非競爭與強調真正的民眾參與。

　　☞ **事後衝突處理面**

　　工作強調主客觀資料蒐集、整理與分析，理性協商談判、促進協議方案、監測協議方案執行與健全衝突處理機制（包括行政、立法、司法與調處等）。

　　觀察臺灣環境紛爭事件特性可發現，由於環保法規本質之概括

性，或是根本法規闕如，加上立法耗費時日等原因，以致於目前法規無以完全應付複雜、差異性大與突發性的紛爭衝突事件；同時，由於社會上良性事前規劃與溝通的模式尚未健全，無論是政府官員、廠商或民眾仍在學習調適中，同時，即便企業全面落實綠色管理仍不能完全防止環境紛爭衝突事件的發生，是以有賴於健全事後救濟的衝突處理機制。

然而考量事後救濟的衝突處理機制，傳統途徑（包括行政、立法、司法）皆有以下四個缺點：成本花費大、時間冗長、紛爭團體參與程度不一且有限、結果多為妥協少有雙贏。因此，歐美各國無論是學術界或實務界，屬於「糾紛解決替代途徑」（alternative dispute resolution, ADR）之一的環境調處(environmental mediation)，其觀念與方法均受到大幅改進並廣為社會大眾所接納，其需求面更因教育及知識水準之上升而大量增加，相關研究單位與調處組織也由處理零星、特定個案，逐漸進入制度化與專業化的階段。我國於民國八十一年公布施行公害糾紛處理法之後，各縣市成立公害糾紛調處委員會，並已處理相當數量的案例，然其制度與功能仍有值得改進之處。

以下即針對（環境）衝突管理的觀念與作法提出簡單介紹。

衝　突

□定義

衝突是指兩個（含）以上相關聯的主體，因互動行為所導致不和諧的狀態。衝突之所以發生可能是利害關係人（stakeholder）對若干議題的認知、意見、需求、利益不同，或是基本道德觀、宗教信仰不同等因素所致。廣泛地來說，由於社會上資源、權力稀少，不足以分

配，以及社會地位與價值結構上的差異，不免帶來不調和甚至敵對性的互動，衝突由之不斷產生。

衝突是一種情況，使無論個人或團體皆處在某種認知的威脅下。這些目標通常與我們個人的欲求有關，而這些認知的威脅可能是真實，也可能是想像的。首先，衝突被視為一種認知的威脅，「認知」是一個重要的字詞，它是衝突的基礎，可能是「假造的」，或間接的，與團體的利益或目標毫無實際的牴觸，然而團體卻從此認知且經歷衝突。第二，衝突是在人與人之間的互動中經歷的。第三，與人際間欲求有關的衝突大小，對於有連接個人和社會希望的衝突有極大的助益。

□ 衝突的因素

美國諸多學者（Creighton, 1980; Moore, 1982; Amy, 1987; Bisno, 1989）曾分別探討紛爭的根本原因，其所歸納的原因包括：

1. 程序衝突（procedural conflict）。
2. 資料或資訊衝突（data or information conflict），誤解型的衝突。
3. 價值判斷衝突（value conflict）。
4. 利益衝突（interest conflict）。
5. 關係衝突（relationship conflict）。
6. 情緒衝突（emotion conflict）。

其中利益是激發人們動機的東西，它是在吵雜中寧靜的動力。利益是主觀的，也是客觀的，它不但與我們個人的欲望有關，也與我們的角色與地位有關。利益在衝突中經常是實際上的議題，它包括施行與政策上的議題，角色、需求、以及資源的應用；情感包括生氣、憤恨、害怕、拒絕、焦慮與喪失；價值是最困難解決的部分，因為價值

表 1.1　假造或間接的衝突型態

錯誤的團體	當一個團體歸咎於錯誤的團體
假定起因	當一個人在一種權威的體系中被責難，而被責難的緣由是由另一種權威體系的成員所引起的
千篇一律和空談的偏見	當少數民族被責難為懶惰或無能力者等，此類的問題或許是結構性的
錯誤認知與誤解	由於兩人溝通失敗，假定意見不一致，事實上卻可能是一致的
錯誤的謠傳	不願以權威式的危機衝突責難他人，取而代之的是以較少的權威
引發衝突	一個人挑起衝突為的是獲得擁護者給他的支持——政治人物常用這種方法
有涵義的衝突	一個人為了心理上的因素，利用「現成的」議題，以攻擊他人來表達自己的敵意——經常被稱為「借題發揮」

是無形的，它代表了主導我們行為根深蒂固的是非觀念。

　　另外，表 1.1 列出若干假造或間接的衝突型態，這些形態並非衝突管理強調的重點。

□ 衝突的平衡

　　過程的開始就是衝突的認知。在這個層面上，一個或兩個團體由於緊張的情緒，例如沮喪、憤怒、焦慮，正經歷著不安。衝突在這個階段通常是潛伏性的，而且會持續很久。這個階段可視為「痛苦的階段」，在這個階段中，一個或兩個團體表達沮喪的情緒，其他的情緒也在認知的階段中更加明顯。

　　「現實化的階段」包括權利、地位、知識、技術，與一些實質的因素，例如錢財、跟隨者、和生產的設備。在「閃光點階段」，消極的衝突變質成扭曲。在「逃避的反應」中，通常是由於缺乏資源（如

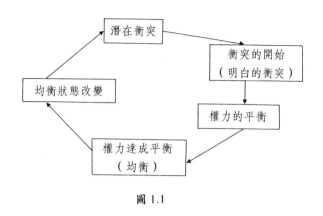

圖 1.1

權利或技術），或者是面臨恐懼。

「調停階段」包括控制衝突的決策。在「政策的挑選和實行階段」，可能反映的挑選是非常寬廣的，包括強制、問題的解決和談判。在最後階段結果的評估中，來自衝突的結果可能是好的或壞的。

Rummel 認為衝突過程從平衡與不平衡中間移動，達成一種平衡。這過程以圖 1.1 來表示。Rummel 認為一旦一項社會議題（例如環境）循環一周五個步驟後，社會與文化將會循環另一個潛伏或明顯的衝突周期。

□ 衝突的強度和衝突的結果

衝突的結果是長程的，可能是積極的，也可能是消極的。積極的結果增進對議題的了解、流通資源與力量、澄清競爭的解決方案、刺激創意的搜尋，以及強化團體運作。消極的結果會增加敵對及敵意，太多的衝突會產生許多的力量及敵對、扭曲溝通的管道、低品質的決策，以及單方面的投入。太少的衝突則會減少力量、產生意見不同，以及分享矛盾的資訊、訂下不適當的決策、產生非挑戰性的傳統，並且刺激無法面對環境改變的事實。這種關係，我們以圖 1.2 來表示。

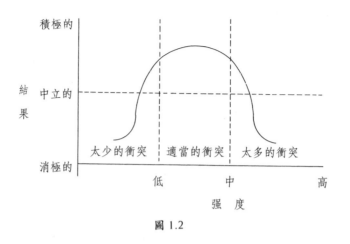

圖 1.2

　　縱軸代表太少衝突、適當的衝突，及太多的衝突，橫軸代表積極
與消極結果的平衡。Brown 說明了：「若是衝突太多，衝突管理可尋
求調停來減少衝突；若是衝突太少，則可尋求調停來增加衝突。」弧
線則代表衝突強度與結果之間的關係。

□社會的改變與衝突

　　衝突不但刺激經濟和科學的改變，同時也瓦解了舊有的規範和風
俗制度。衝突可視為造成社會系統內部改變的因素，或者整個系統的
改變，至於衝突造成整個社會結構改變的程度大小是無法事先預測
的。雖然衝突是人類社會中難以避免的現象，衝突不只是有破壞的一
面，它也有建設性的一面，因此，學者如 Kast 與 Rosenzweig
（1985）即強調不應忽視衝突在促進改革的積極角色與功能。而衝
突管理則是以系統、科學的方式來消除認知與價值差異等障礙，以達
成協議的過程（Greenhalgh, 1986），其目的在衝突過程中減少可能
的或是不必要的傷害，以促進有利衝突雙方的結果。
　　由於衝突與合作並非截然二分，而為社會化的一種形式（Cosier,

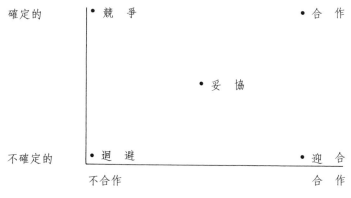

圖 1.3　衝突管理策略模式

1956），同時衝突利害關係人的關係也未必是全然相互競爭的，反而通常存在競爭與合作的混合關係，是以在運用衝突管理的原則與方法時，如秉持：(1)對事（問題）不對人；(2)重視利益而非堅守立場；(3)尋求互利的方案；(4)兼顧主、客觀評估標準等態度，追求整合協商談判（integrative bargaining），所謂的雙贏（win－win）才有機會。

對衝突的回應

　　Gareth Morgan 在他所著的「組織印象」（Images of Organization）一書中，說明了在一個組織中的管理者在面臨衝突時，面對了五種模式的選擇（參見圖 1.3）。

　　這五種模式特徵可經由以下的行為表現出來：

☞ 迴避

・忽略衝突並且希望衝突儘快過去。

・思考問題。

・以緩慢的程序來平息衝突。

‧ 以寡言來避免面對衝突。

‧ 以官僚政策作爲解決衝突的方式。

☞ **妥協**

‧ 談判。

‧ 尋求交易。

‧ 尋找滿意或可接受的解決方案。

☞ **競爭**

‧ 產生贏—輸的情境。

‧ 敵對競爭。

‧ 利用權威以達成目的。

☞ **迎合**

‧ 強迫服從。

‧ 讓步。

‧ 順服且屈從。

☞ **合作**

‧ 解決問題的姿態。

‧ 面對差異且分享意念與知識。

‧ 尋求完整的解決。

‧ 尋找人人皆贏的局面。

‧ 視問題與衝突爲一種挑戰。

此外，依據二十八位主管級首長所報告顯示，以下五種處理衝突模式與其適用的情境：

☞ **競爭**

‧ 快速、決定性的行爲是必須的：例如，緊急事件。

‧ 強制重要但執行不受歡迎的行爲：例如，減少成本。

‧ 當你知道自己是正確的時候，有關公司或公衆福利的重要議

題。

・對抗那些利用非競爭行為的人。

☞ **合作**

・當雙方所關心的事太重要，以致不能妥協時，尋求一整合的解決方案。

・當你的目標確定時。

・合併那些與你有不同看法的見識。

・藉著合併股份，使意見一致。

・往關係相牴觸的地方動工。

☞ **妥協**

・當目標明顯，但不值得努力，或潛在瓦解的時候。

・當勢均力敵的對手致力於互相排斥目標時。

・為了能暫時安定複雜的議題。

・當時間成本具相當壓力時。

・當合作與競爭都不成功時的支援策略。

☞ **逃避**

・當議題微不足道，或者有更重要的議題時。

・當你知道毫無機會可滿足你所關心的事時。

・當潛在的分裂超過解決所帶來的利益時。

・為了讓人們冷靜下來，且有重新的認知。

・當蒐集資料比立刻決定來得重要時。

・當別人能更有效率地解決衝突時。

・當議題與其他議題毫無相關或已有徵兆時。

☞ **通融調停**

・當你發現自己錯誤時：允許自己去聽、去學習，且顯示自己的理性。

表 1.2　公共衝突的特性

利害關係人衆多關係複雜，且多以組織爲單位	・處理同一過程中，不同利害關係人産生 ・牽涉不同層面的專業知識與權勢（力） ・利害關係人未來關係不確定 ・利害關係人各有不同決策模式
無標準化的衝突處理步驟	・無法訂指導方針 ・各級政府層層限制
問題複雜且影響層面廣	・處理同一過程中，新的問題可能産生 ・有關技術方面的專業知識尤其重要 ・利害關係人價值觀根深蒂固 ・暴力事件的處理

・當議題對別人比你自己重要時：保持合作態度滿足別人。

・爲了往後的議題，建立社會福祉。

・將損失減到最低。

・當和諧與安定更顯重要時。

・允許屬下從錯誤中學習，發展自我。

公共（環境）衝突

□ 特性

表 1.2 列出公共衝突有哪些特性。

以環境衝突而言，儘管人們可參考社團爭論處置事件、國際間和平維持之案例、與人際間衝突之解決對策來規劃環境衝突管理架構，但事實上比較起來仍有相當大的差異，因爲環境衝突與一般爭論不同，不容易圓滿解決。其特性說明如下：

☞ **人**

- 一般分屬不同黨派團體。
- 黨派團體之組織架構不相同。
- 後代子孫未參與：西方國家非常民主化，故強化個人「公共問題無正確的決策」，即無大我，僅有小我，中國因歷史較悠久，尚有些許大我的觀念。
- 組織規模型態不同。
- 衝突時可能出現新的利益團體。
- 代表性、決策、權宜之裁決，與協商授權等因團體而不同。
- 黨派團體意識型態強。
- 專家意見與大眾之認知看法可能差距甚大。

☞ **程序**

- 尚未有統一認知的紛爭處理程序。
- 僅能依現有各種程序狀況處理。
- 司法權和法律解釋未建立。
- 對爭執取得之協議無法核定監督。
- 監測的標準及執行過程多必須自行制訂。

☞ **內容實質問題**

- 爭論可能多樣且複雜。
- 事實陳述可能不完整或相互矛盾。
- 數據資料之解釋可能相互衝突
- 無法確認有無長遠的影響。
- 有關可能生死的判斷。
- 決定後無法再恢復。
- 社會和科技的論點可能相互關聯。

不必要的衝突
1. 過於激烈的情緒
2. 資訊缺乏
3. 錯誤的資訊
4. 以偏概全
5. 溝通不良

真正的衝突
1. 問題（goal）
2. 利益（interest）
3. 價值
4. 程序

圖1.4

□ 常發生爭議之狀況

　　環境問題常因：(1)過於激烈的情緒；(2)資訊缺乏；(3)錯誤的資訊；(4)以偏概全；(5)溝通不良等原因而發生不必要的衝突（參見圖1.4）。常發生爭議之狀況包括：

1. 未提供足夠問題中溝通與討論所需的資訊及解說。
2. 政府機構常只發布一般民眾較不理解之文件資料。
3. 許多公司只提出政府規定之報告，而排除雖法律未要求但對民眾權益影響大的資料。
4. 環保學者經常以非難和尖銳方式的立場表達其論點，而使資訊失去其具正面引導之功能。

衝突管理

□ 內容

1. 利用問題解決方式來達成雙方可接受的協議。

2. 減少破壞性之影響避免不必要之衝突事件。

3. 界定實質爭議之內容以取得實際具體之解決對策。

4. 衝突管理者採用之技巧方法，包括：

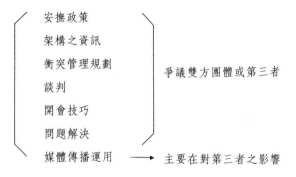

安撫政策
架構之資訊
衝突管理規劃
談判
開會技巧
問題解決
媒體傳播運用 ⟶ 主要在對第三者之影響

爭議雙方團體或第三者

□ 步驟

重點：每階段必須完成再進入下一階段以免事端擴大。

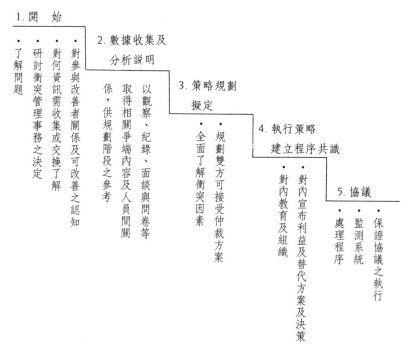

1. 開　始
- 了解問題
- 研討衝突管理事務之決定
- 對何資訊需收集或交換了解
- 對參與改善者關係及可改善之認知

2. 數據收集及分析說明
- 以觀察、紀錄、面談與問卷等取得相關爭端內容及人員間關係，供規劃階段之參考

3. 策略規劃擬定
- 全面了解衝突因素
- 規劃雙方可接受仲裁方案

4. 執行策略建立程序共識
- 對內教育及組織
- 對內宣布利益及替代方案及決策

5. 協議
- 處理程序
- 監測系統
- 保證協議之執行

□ 相關理論及技巧

衝突管理相關理論及技巧，包括：(1)溝通技巧；(2)數據搜集及分析；(3)衝突管理之規劃；(4)談判；(5)促進方案完成；與(6)調處／仲裁。

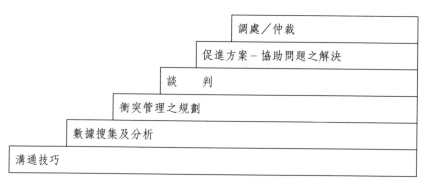

| 調處／仲裁 |
| 促進方案－協助問題之解決 |
| 談　判 |
| 衝突管理之規劃 |
| 數據搜集及分析 |
| 溝通技巧 |

由下層之程序逐步往上層之建立來執行解決衝突事件

談判意味著兩個（或兩個以上）團體互相平息衝突，並未假借第三團體的協助。團體間並非依據規則尋求解決之道，而是製造規則，讓他們可以賴此規則與其他團體建立關係。調處則是包括第三團體，負責調解爭議，協助各團體能達成協議。中介人可由各團體指派，或由外界的權威代表。而在仲裁中，衝突團體同意第三團體的調解，他們必須同意事先接受第三團體的審議。

□衝突管理中重要的問題

　　學者 Raiffa 曾指出衝突管理中有以下幾個重要問題：

1. 是否有多於兩造的當事人？如有，應考慮連橫的可能性與問題的複雜性。
2. 衝突當事人同質性如何？是否有內外團體的區分？
3. 衝突問題是否一而再、再而三出現？如是，應該考慮將未來合作關係納入考慮，協商時也應著重長久信譽。
4. 是否有其他相關的連鎖效應？
5. 衝突議題是否不只一項？如是，則可考慮取捨（trade-off）。
6. 協商協議是否需立定契約？
7. 是否需要與組織成員溝通協議內容。
8. 脅迫手段是否可行？
9. 是否有任何時間壓力？相對成本？
10. 有但書的協議結果應如何執行？
11. 協商是私下或公開舉行？
12. 協商團體的組織規範為何？
13. 是否有可能由第三者介入協助協商？

邱文彥

環境規劃與公害糾紛

摘　要

　　公害（public nuisance）是致人不悦、影響人體健康，或造成環境惡化、生態失衡的污染、噪音、振動或資源利用方式等。公害糾紛的發生，經常是在突如其來的污染事件造成「明顯而立即」的損害後，受害人未能在現行機制獲得及時且適當的賠償後，與污染者之間產生的糾紛。最近幾年來，臺灣民衆對於環境保護的意識較以往提升，參與日多；一些重大建設（如填海造地計畫）的「環境影響評估」階段，也常引起規模方式不同的抗爭行動，也可以看作是憂心未來公害糾紛的另一種情況。

　　糾紛處理或排解（conflict resolution）的工作，絕大部分是污染公害發生「事後」兩造之間所產生糾葛的排除；而另一方面「規劃」（planning）通常是一件「未雨綢繆」的思維過程。由以往許多實例中，我們認爲規劃在公害糾紛與環境抗爭中，可以發揮預防、排解的功能，由「未雨綢繆」的土地使用規劃，以及糾紛處理機制的規劃中，須爲減少糾紛或迅速解決的糾結時程。因此，規劃在此糾紛處理過程中的角色和其功能，極有必要再加以確定與發揮。

　　本文將藉一些已知實例，探討公害糾紛或抗爭的原委，藉其分析以釐清「規劃」的本質在糾紛過程中可能扮演的預防或排解的功能。期望由這些案例或原則的歸納整理，作爲未來平衡發展與保育的綱領，減少社會或產業不必要的支出成本。

前　　言

　　糾紛或衝突的發生，在人們的生活中十分普遍。例如：由時間進度的安排、經費分攤，直到選舉活動的候選人資格與人選；抑或由機關是否裁撤改組，以至廢棄物掩埋場址的區位等，糾紛衝突可謂無所不在。一般來說，糾紛或衝突的衍生，與種族、性別、社會階層、宗教、國家和地理區域有相當密切的互動關係與模式，這些來自地域、層級等不同的看法和價值觀，很可能都是導引糾紛或衝突產生的根本原因。

　　最近幾年來，臺灣地區民眾的環境意識大幅提升，對於環境品質與生活水準越來越見關切。解嚴之後的臺灣，社會更趨多元化，民眾言論表達突破了既往的框限，對於緩慢變革中的體制則產生了重大的衝擊。由於現行體制對於災變的因應能力甚為薄弱，甚至延宕多時亦難以解決，於是受害民眾或自覺冤屈者不平而鳴，並進而採取激烈的「自力救濟」行動，試圖以「體制外」的方式迅速解決問題。除了最近屢見不鮮的「勞資糾紛」外，「公害糾紛」一直是近十餘年來臺灣最為棘手的問題。

　　「公害」一詞，依據日本內閣於一九九三年五月間所提出的「環境基本法」（草案），係指：「構成環境保全障礙，對人體健康或生活環境（含與人生活有密切關係之財產、動植物及其生育環境）產生危害，因伴隨事業或人類活動所產生相當範圍之大氣污染、水質污染（含水質以外之水狀態及水底泥之惡化）、土壤污染、噪音、振動、地層下陷，以及惡臭等。」（日本官報號外，1993.5.20）美國布萊克（Black）法學字典對於"Nuisance"一詞，也有類似定義：「因某人不合理、不當或違法使用其財物，抑或不當、魯莽或違法的行為，

而使他人或公衆權益受損，以及產生使人煩擾、不便、不適或傷害的物質之謂。」（Arbuckle et al., 1991）

參考上述兩項定義，「公害防治」，所關切的是造成他人或公衆環境權益受損、健康受到危害的行為；而其工作內容則包括空氣污染（含惡臭）、水質污染、土壤污染、噪音、振動、地層下陷、毒性物質與廢棄物等之預防、管制、清除與處理。以目前行政體制而言，除地盤下陷問題尚乏明確機關專責管理外，其餘部分均為行政院環境保護署所轄之工作。

總之，公害是致人不悅、影響人體健康，或造成環境惡化、生態失衡的污染、噪音、振動或資源利用方式等。今天普遍的惡臭、噪音、煙霧、污水、垃圾及有害物質等，都是公害的一種；在另一方面，不當的土地使用可能影響視覺品質、降低原有資源使用品質，甚至導致周遭地價下跌等，也是一種令人不悅和糾紛產生的常見情況。通常，公害糾紛的發生，是在污染或不當的資源使用方式突如其來，造成了「明顯而立即」的損害以後，受害人依現行體制卻無法獲得即時而適當的協助或賠償，而與污染者或公害產生者之間所發生的糾紛。這種情況若短時間內無法獲得解決，怨怒累積的結果，很可能演變成為脫序的「自力救濟」行動，衍生更為棘手的社會難題。

在另一方面，民衆環境意識的提升，也促使其參與更多的社區事務。由資訊流通和教育程度的提升，使民間社會或環保運動的集結能力大為增高。最近幾年來，一些重大建設（如填海造地計畫、水庫興建或大型化學工業的建廠等）在「環境影響評估」階段，經常引起規模方式不同的抗爭行動，也可以看作是憂心未來公害糾紛的另一種情況。

因此，公害糾紛的產生，不一定是「實質上」已經排放了污染物和產生了重大的生命財產的損害；很有可能，一項工程或開發仍在協

議階段，但與之「權益相關者」（stakeholders）憂慮未來其權益可能之折損，而採取了抗爭的行為。

糾紛處理：信心與共識的建立

公害糾紛的處理或排解（conflict resolution），有許多的方式。對話、溝通、公共會議、成立委員會，或由公正第三者之間的調解和仲裁，都可能是不同時地、對象與特質情況下，有效的糾紛處理模式。其中，信心（trust）與共識（consensus）的建立，頗為關鍵。糾紛兩造之間如何建立信心與共識，關係到雙方糾紛能否解決，以及解決的時效甚鉅。

通常，信心與共識的促成，以平等尊重兩造的態度，籌組公共會議，以形成共識的過程（consensus program or consensus process）是非常有效的工具。所謂公共會議，其形式甚多，包括公聽會（public hearing）、公開會議（public meeting）、簡報與答詢（briefing question – and – answer）、圓桌委員會（panel roundtable）、大小團體會議（large group/ small group）、內外圈會議（samoan circle）、研習會（workshops）、開放展示（open house），以及私人的咖啡閒聊（coffee klatch）等。期望藉由資訊的分派、互動、意見溝通，逐步形成共識，作出能為各方相納的結論（Creighton, 1994）。對於區域性、複雜性的公共議題，糾紛的排解尤須強調共識的形式（consensus program or consensus process）。一般而言，適用共識形成的情況，包括：(1)課題本質是複雜的；(2)有許多不同的當事人涉入的；(3)非屬單一機關或組織所能完全管轄或解決的；(4)這些議題可以溝通解決的；以及(5)當事人也都有意願參與解決等特質（Carpenter, 1994）。如果某一議題可以逐步形成共識，那麼相關的

當事人不但可獲得知會、彼此對問題易於界定，也可彼此學習，由初始即建立互信、互動模式，並使所達成的結果易於迅速執行（Carpenter, 1994）。

由以往的許多實例，我們相信無論糾紛處理或排解的模式為何，藉由「互信」與「共識」的建立，比較容易排除障礙，集中議題，和更為迅速地取得協議。換言之，糾紛處理最大的困難，恐怕是「各自表述」、毫無共識與交集，甚至拒絕溝通。因此，營造一個良好的糾紛排解環境與氣氛，至關重要。

規劃的意義與功能

「規劃」（planning）與「計畫」（plan）是不相同的，計畫是形之於文字或圖表，具有報告格式或公展形式的文書圖件，它是規劃的成果。規劃則為一個連續不斷的過程（continuing process），是一個理性的思維過程，也是一個具有遠見藍圖，但卻有具體措施逐步完成的作為（Catanese & Synder, 1979）。規劃的過程中，通常包括了下列幾個要項或步驟：(1)訂定目標；(2)研擬方案；(3)評估方案；(4)完成計畫；(5)實施計畫；和(6)檢討修正並回饋至既定目標（Catanese & Synder, 1979）。由以上的要項或步驟，規劃「目標」的確立與其「內容」的研訂一樣重要。換言之，規劃是預期在未來實現理想的有方向而確實的作為。為了符合不同團體或個人絕大多數的需求，同時兼顧環境的基本條件，目標之確立宜儘可能納入各方的意見或看法。傳統的規劃，規劃師或主事機關幾乎主導一切，由其本位的角度，作下達指示的態勢決定了計畫的內容。這種「由上而下」（top-down）的方式，已無法因應多元化社會的需求，且經常引發更多的糾紛與衝突。因此，親身體驗、傾聽民意，「由下而上」（bottom

－up）的規劃方法逐漸成爲主流。亦即，規劃者在過程之先，需先邀集會議，聽取不同的意見，以便協調平衡各方利益，並反映在未來的計畫之內。由下而上的規劃方法，不僅事前充分告知當事者，也以尊重的態度取信於當事人，預爲謀設互信共識形成的管道與模式，以及未雨綢繆，消弭可能的事後衝突。

在上述規劃的需求下，「規劃師」（planner）所扮演的角色便十分複雜。例如：規劃師必須善於體察現勢，預爲測知或判定政治氣候，解讀在上位者或主要機關的意圖，以決定必要和合於本份的應有作爲。因此，規劃師也應有使命感與道德觀，不但能堅持規劃的理想，也應能體恤不同族羣或生物的需求，因而他是個「人道主義者」。此外，規劃師需有科學的知識訓練和鑑賞自然的品味能力，因而他也是「科學家」、「藝術家」和「自然學者」。然而，再好的規劃如果推銷不出去、無人採納，一切規劃的努力終將白費，所以規劃師必須善於行銷、良於溝通，因此規劃師也應該是一個優秀的「行銷專才」和「溝通能手」。

一個良好規劃，基本上考慮三個主要要素：(1)使用者或利害關係人（users or stakeholders）；(2)資源與環境（resources and the environment）；以及(3)管理（management）（邱文彥，1994）。準此，規劃最起始的考量，其實就是權益攸關的使用者或當事人。他們的期望、看法和價值觀等，如果沒有充分的了解，未來的計畫勢必難以盡如人意，糾紛衝突即在所難免。這也就是現代規劃作業中，特別強調使用者或權益關係人意見彙集的原因。

無論規劃的內容是「實質規劃」（physical planning）（如傳統土地使用）、「環境規劃」（environment planning），抑或「體制規劃」（institutional planning），由以上所述，規劃的作業過程或規劃師的角色，在相當程度實已扮演了預先協調溝通，建立互信與共

識，進而化解糾紛衝突的重要。

環境規劃的理念與糾紛實例

　　規劃的內容主題，有許多不同，但規劃的作業方式或理念，其實是「一以貫之」，頗多雷同之處。傳統的實質規劃，尤其是土地使用計畫，甚為強調「需求」（demand）的角度，經常為了滿足使用者或開發者的需求，而忽略了其他相關條件的配合。例如：山坡地社區的規劃、工業區的開發或填海造地行為等，經常為了滿足用地與產用需求，而作出「超限利用」的規劃結果，最後引發坡地濫建、水土無法保持、污染層出不窮，以及生態環境破壞的結果。

　　為了改正這種傳統的缺失，由「供給面」（supply）著眼，強調資源與環境「潛力」（opportunities）和「限制」（constraints）條件的「環境規劃」（environment planning）逐漸取代了傳統的規劃理念。環境規劃不再一味地追求或滿足使用的需求，而在了解人類追求生活福祉的品質提升之際，更能體認到資源環境的稀有性、有限性或不均勻分布的特性，以尋求開發利用和永續發展的深度思考。因此，環境規劃將更為著重於資源環境的供給面條件，強調在其限度內作出永續的、前瞻的和更為周延合理的規劃。為了了解資源環境所賦予的正負面條件，環境規劃的首要之務，在蒐集、彙整、分析、建檔環境資訊（environmental inventory）。依據這些包括氣象、水文、地文、生物和人文的先決條件，再配合人們的需求，去作「適地適所」的應用。舉例來說，以往我們想建一個港口、一處工業區，甚或一處廢棄物掩埋場，多半是依據需求，考慮較少的因素，就逕自開發或規劃了。「環境影響評估」也不過是在確定的地點，作「無可替代」的評估而已。如果由環境規劃的觀點，土地資源經詳細調查後，

優先確認其潛力與限制條件，先作「適當性分析」（suitability analysis）。了解某一基地或區域適合做那些使用之後，再配合人的需求，作進一步評估與修正。因此，環境規劃的作業，可以說是在「規劃」的過程中，優先地考慮「環境」的要素，以避免草率開發所造成的生態環境之影響。所以，這種「適宜性」（suitability）的考量，不但應與「環境影響評估」相互配合，也應在環評之前，先予進行。

在許許多多公害糾紛中，重大建設或設施與附近地區的衝突案例甚多。茲以電廠為例，高雄縣興達火力電廠煤塵污染與烏林頭應否遷村案件，是一件纏訟多年的著名事例（中國時報，1992.4.7）。本案火力發電廠因排放煤塵而與附近居民產生激烈的爭議，民眾極度不滿生活於如此骯髒環境；但電廠也非全無誠意，對於連年抗爭更不勝其擾，花費七億改善集塵設備。姑且不論該一案件最終如何賠償結案，但兩造之間與環保主管機關的共同認知是，科技仍有一定的限制；即使再好的科技設備，也無法百分之百地解決公害污染的問題，糾紛如無法解決，只有遷村或遷廠一途（中國時報，1992.4.7）。臺北縣萬里鄉農產品受協和電廠黑煙污染事件，情況如出一轍（聯合報，1992.12.5）。高雄地區臺電燃煤儲運中心與紅毛港遷村事件，也是一件爭論許久的公害糾紛事件（中國時報，1992.4.15）。此外，蘇澳火力發電廠與無尾港水鳥棲地爭議，也甚受保育界關切（中國時報，1992.6.30；1992.8.15）。由這些案例，很明顯地看出，發電廠的區位是否適宜，與相鄰土地使用是否相容，實為糾紛的主因。許多開發建設正因為不適宜之土地利用，而衍生出後續紛擾不斷的抗爭行為。這種未能由資源環境的角度選址的觀點，在臺灣層出不窮，垃圾焚化爐、掩埋場、污染性工廠、海域油污染和最近口蹄疫豬屍掩埋問題一樣，都是公害糾紛的根本原因。

上述實例，是公害糾紛發生並肇致民眾的損害後，所引發的典型抗爭索賠的案例。當年林園石化工業區發生嚴重污染事件，民眾索賠成功，歡天喜地如中「六合彩」，立下了公害糾紛處理的一個十分負面的先例。從此臺灣大小污染公害，「索賠」似乎成了主要目的，環境品質是否改善，以及生態系統能否復育，不但成了次要，甚至為人忽略的問題了。在這種情況下，溝通、調處、談判與仲裁，反而難度增加，成了「事後補救」的「不可能任務」。因此，「預防的原則」比「事後的補救」應獲得更多的重視；而環境規劃，其實就在資源與環境上，先作優先的考慮與預防。

　　在另一方面，最近五年來許多重大的開發案件，在「環境影響評估」階段即引起抗爭。此一情況與前述公害發生之後的處理，似有極大不同。但這種憂心未來污染而發生的抗爭行為，基本上與「區位適宜性」還是有很大的關係。由於區位的不恰當，原屬權益人在預估損害後，遂採取堅定的反對態度，增加開發案件延宕或社會不安的現象。較著名的環評案件中，七股「濱南工業區」的規劃可以說是最受關注的一例。由歷次環境影響評估的會議中，除了污染總量、用水量、濱線穩定等問題外，濱南工業區所使用的潟湖部分是最受爭議的一環。該工業區由原先擬填平所有潟湖，後來由環評會「決議」沙丘、沙洲、潟湖使用之面積不超過其 30% 的面積，廠區並北移至潟湖北方。不論潟湖使用面積多寡，此一開發必然毀損原有溼地生態系統，更何況潟湖北方一定較不敏感而適合開發嗎？30% 的立論依據又為何？在這些爭議之外，當地養殖民眾最關心的是其生計問題。區區數十萬或數百萬元補償，能取代他們世世代代賴以維生的根基嗎？即使輔導轉業，以當地居民的背景和工業區就業機會，談何容易？因此此一環評抗爭的主因，本質上還是「區位適宜性」的問題，也就是環境規劃的範疇。

規劃應用在糾紛處理的幾個方向

　　大陸有句俗諺：「規劃，鬼劃，牆上掛掛」。規劃果如是耶？規劃如果做得不夠確實，失去了可行性，忽略了現實條件與基本需求，那麼這種規劃出來的結果，也只能成為「束之高閣」的東西。目前許許多多的計畫中，尤以都市計畫最明顯，規劃經常忽略了地籍界線、現況發展和等高線的意義。在規劃「如入無人之境」、有形山川被視為一張「白紙」的情況下，計畫圖上不難看到道路忽而衝上陡坡、落入河谷，或拆遷合法房屋的荒謬結果。這種規劃文化或規劃師的訓練，不但忽略了資源環境的實質條件，同時也製造了未來抗爭糾紛不斷的後果。在此更說明了規劃確可「預防」一些不必要的糾紛或抗爭的發生，但這項功能長久以來卻遭到漠視。

　　由上所述，不但是環境規劃，我們認為整個規劃的基本觀念，都可以充分地協助公害糾紛的預防與排解。這項功能，至少應重新獲得重視或應用到下列幾個方向：

□ 區位適當性分析

　　如前所述，環境規劃的第一要務是環境資訊的彙整建檔，再依據資源環境供給面所提供的條件，作區位適當性分析，以著重土地使用的相容性為主要考慮，俾避免未來不必要的抗爭與糾紛。適當性的分析，應在相關作業中獲得落實。

□ 由上而下的規劃過程

　　規劃師應摒除「居高臨下」、「為人做主」的觀點，而應傾聽使用者、開發者、主事者及所有權益關係人或其代表人的意見，落實

「由下而上」的規劃觀。換言之，這種的規劃由一種更為客觀的、公開的、公平的、合理的作法，不易被譏評為「先入為主」或「黑箱作業」。也由於事先知會關係人，給予公眾參與機會，優先了解民意取向，故可以在計畫過程中增加諮詢、溝通和協調的機會，減少誤解和糾紛的發生。

□ 糾紛處理的規劃

糾紛處理宜參照規劃的過程與作業，預作推演。本質上，糾紛處理也屬於規劃領域中「體制規劃」的一種。糾紛處理的目標訂定、方案評估、資訊散發、意見徵詢、溝通彙整、所需資源人力之安排，以及公共會議的安排布置等，都可以被視為規劃的一部分，而以規劃的理念去經營。不宜輕忽草率的做法，反而在糾紛處理過程中增加了一些不確定性或突發的因素，讓調處排解更加困難。

結語與建議

公害糾紛是目前國內一項十分重要的工作，也是相當棘手的課題。在公害污染短期內不易獲得明顯地改善，國人環境意識普遍提升之際，公害糾紛的處理或排解，實有必要投入更多的研究與努力。

規劃是一個嚴謹的思維過程，環境規劃則是規劃體系中尤重資源環境供給條件的一支。然而，長久以來，諸多因素使規劃的實質功能未能發揮，許多不當的規劃反而扭曲了眾人對於規劃真正角色、意涵與功能的看法，致使規劃的基本功能和應有作為遭到忽視。將來如何釐清大眾對於規劃的認知，強化規劃的功能，以及落實規劃的作業，無疑是一項重大的挑戰，有待共同的努力。

公害糾紛處理最為重要的，恐怕不僅是其有效的調處技巧或方

式，而應在發展政策上能導引減少廢污的產業和配置相容的土地使用，由源頭上即採取減廢減量措施；並由資源環境層面上作適宜性分析，預先排除或減低未來公害污染的影響程度，俾儘可能避免事後調處補救的過程。換言之，環境規劃的理念與應用，有必要作進一步的普及和應用。

參考文獻

邱文彥（1994）。「國土規劃與環境保育：國際思潮與規劃管理策略」，因應成熟社會之國土綜合開發研討會論文。臺北：行政院經濟建設委員會主辦，一月十八日。

Arbuckle, J. Gordon, et al.（1991）. Environmental Law Handbook. 11th Edition, Rockville, MD: Governmental Institutes, Inc.

Carpenter, Susan （1994）. "Solving Community Problems by Consensus". In：Resolving Conflict：Strategies for Local Government. M. S. Herman, ed. pp.137 – 147. Washington, D.C.：International City/County Management Association.

Catanese, Anthony J. and James C. Snyder （1979）. Introduction to Urban Planning. New York: McGraw – Hill.

Creighton, James L. （1994）. "Designing and Conduction Public Meetings". In：Resolving Conflict：Strategies for Local Government. M. S. Herman, ed. pp.115 – 134. Washington, D.C.：International City/County Management Association.

風險溝通

概　論．

　　風險溝通是風險管理過程中極重要的一環，它是指任何關於危險的資訊之傳遞與交換（Covello et al., 1987）。這些關於危險的資訊包括了環境與健康風險的程度、重要性、意義、管理以及控制之政策與策略。

　　在過去的數年間「風險分析學會」(the Society for Risk Analysis)在社會科學面的研究大幅成長，而在了解近來有關風險分析的議題後又可發現，目前探討的重心是在風險溝通這個科際整合的領域上（Fisher, 1991）。許多公共或私人部門的管理者和決策者也已深刻地了解到風險溝通的重要性。

　　風險溝通在最近幾年之所以會受到如此的重視，其原因相當多。但是無可否認的，「傳統的社會機制已無法因應工業社會中層出不窮的風險問題，因而有必要加以改進」應是一項重要的動機。就如同Kasperson 與 Palmlund（1989）所指出的美國政府引進風險溝通的理由：「從大部分的個案中可以了解，風險溝通往往是超乎政府所能影響及掌控的範圍。事實上，風險溝通是社會運作過程的一部分，只有在某些特定的情況下，它才被劃入政府的議程中」。

　　由此可知，在今日充滿風險的社會環境下，政府實有必要將風險溝通劃入政府的議程中形成法令規範，以決定可接受的風險範圍，及最適時的方法來降低風險，化解風險產生者（risk generator）和風險承受者（risk bears）之間的利益衝突。

□風險的種類及解決途徑

風險的範圍

當公眾面臨到健康、安全及環境災害等方面的問題時，風險溝通就開始扮演一項相當重要的角色。近年來在美國和歐洲等國家，政府已重新制定新的法律，規定企業和政府部門必須（有義務）告知公眾相關的風險資訊。Baran（1993）指出在美國和歐洲等國家，政府和產業皆有義務將下列三種風險的範圍告知公眾：

☞ **消費者風險**

主要是來自有害的產品。

☞ **工作者風險**

主要是來自危險的工作場所。

☞ **社區風險**

主要是來自於各種產業，包括突發的意外事件及有害人體的氣體外洩等。

除此之外，Mason（1989）依其在美國疾病控制中心（Center for Disease Control）任職的經驗中，亦整理出下列三種風險：

☞ **傳染病風險**

如 AIDS、天花等傳染性疾病。

☞ **加諸自身風險**

如抽煙、酗酒、吸毒以及安全帶的使用不當等攸關自身的不當行為。

☞ **環境災害風險**

例如毒氣外洩等危害人體的空氣污染。

表 3.1　風險種類及解決途徑

種　　類	解　　　決　　　途　　　徑
消費者風險	補償、告知的義務或改善産品的風險分析與溝通
工作者風險	將與工作有關的疾病告知工作者
社區風險	産業提出自我評估，開誠布公的與政府合作，掌握最有效的事件控制及緊急措施
傳染病風險	由公衆、健康專家及政府決策者來共同參與
加諸自身風險	政府提供建設性與真實性例證
環境風險	政府有責任來加以管理

解決途徑

以上兩位學者除了指出風險種類的不同劃分範圍外，並針對個別的風險種類提出因應的對策（見表 3.1），以幫助政府制定公共政策，並爲個人的日常生活提供最有用的訊息。

□ 風險溝通的類型與焦點

Covello 等人（1989）曾指出，風險溝通具有四大類型：(1)教育和資訊的給予；(2)行爲改變和保護措施；(3)災難警告和緊急訊息；(4)衝突和問題的解決。此分類架構幾乎可涵蓋所有的風險溝通活動。例如，表 3.2 爲美國的十四個單位所提出來的風險溝通焦點，但此十四個單位所提出來的風險溝通焦點皆落在 Covello等人（1989）所提出的四大風險溝通類型中（Allen, 1989）（見表 3.3）。

事實上，教育和資訊的給予、行爲改變和保護措施、災難警告和緊急訊息、衝突和問題的解決等四點亦是成功的風險溝通的預期效

表 3.2　風險溝通焦點

部　門 [1]	風　險　溝　通　焦　點
ATSDR	有毒化學用品
CDC	公眾健康
CPSC	消費者保護和產品安全
USAF	與軍事相關的有毒化學用品
EPA	有毒化學用品
FDA	食品、醫藥、化妝品和醫學設備
NCHS	死亡率與病態率
NCI	癌症預防和控制
NHLBI	心臟、肺和血液疾病的預防和控制
NIOSH	職業安全和健康
NRC	與核原料相關的安全議題
OSH	使用煙草的健康情形
OSHA	職業安全和健康
USDA	食品生產、防護和營養

[1]　有毒物質和疾病登錄署（Agency for Toxic Substances and Disease Registry，
　　簡稱 ATSDR）

　　疾病控制中心（Center for Disease Control，簡稱 CDC）

　　消費者產品安全委員會（Consumer Product Safety Commission，簡稱
　　CPSC）

　　環境保護署（Environmental Protection Agency，簡稱 EPA）

　　食品藥物行政局（Food and Drug Administration，簡稱 FDA）

　　國家健康統計中心（National Center for Health Statistics，簡稱 NCHS）

　　國家癌症機構（National Center for Health Institute，簡稱 NHLBI）

　　國家心臟、肺和血液機構（National Heart, Lung, and Blood Institute，簡稱
　　NHLBI）

　　國家職業安全和健康機構（National Institute for Occupational Safety and

Health，簡稱 NIOSH）

核能管制委員會（Nuclear Regulatory Commission，簡稱 NRC）

吸煙和健康中心（Office on Smoking and Health，簡稱 OSH）

職業安全和健康行政局（Occupational Safety and Health Administration，簡稱 OSHA）

美國空軍（the United States Air Force，簡稱 USAF）

美國農業局（the US Department of Agriculture，簡稱 USDA）

資料來源：Allen, F. W. (1989). The government as lighthouse: A summary of federal risk communication programs. In V. T. Covello, D. B. McCallum, & M. T. Pavlova(Eds.), Effective Risk Communication. New York: Plenum Press, p.55.

果。但是若風險溝通失敗，也會產生許多的負面影響，這些負面影響包括：

　　1.分散社會的資源。

　　2.分散個人的關心，導致真實風險變成無意義的風險。

　　3.由於高度的焦慮導致人們不必要的傷害。

　　4.使人們產生防衛性的冷漠或態度。

□ 風險溝通的目的與模式

風險溝通的目的

　　Daggett（1989）指出風險溝通的目的是在改善人民對有爭議性的環境議題的看法，以及有關這些議題的討論方式，形成最正確的結論，做出最有效的風險決策。Billie 等人（1990）亦指出：風險溝通的目的是提供一種新的方法來談論風險，使原先不能接受風險者可以接受風險。Kasperson 與 Palmlund（1989）則認為，風險溝通的目的

表 3.3　方案類型

部　　門	教育和資訊 的　給　予	行爲改變和 保護措施	災難警告和 緊急訊息	衝突及問題 的　解　決
ATSDR	×		×	
CDC	×	×	×	×
CPSC	×	×		
USAF	×		×	×
EPA	×	×	×	×
FDA	×	×		
NCHS	×			
NCI	×	×		
NHLBI	×	×		
NIOSH	×	×	×	
NRC	×		×	
OSH	×	×		
OSHA	×	×	×	
USDA	×	×		

資料來源：Allen, F. W.(1989). The government as lighthouse: A summary of feder-
al risk communication programs. In V. T. Covello, D. B. McCallum, &
M. T. Pavlova (Eds.)，Effective Risk Communication. New York: Plenum
Press, p.55.

是：(1)決定可接受風險的範圍，以供依循；(2)利用政府適當和公平的
作法，調解利益的衝突；(3)引導公眾做個別或集體的行動來降低風
險。

被告知的羣衆　　　　　　　　　　　　　　被授權的羣衆
（Informing）　　　　　　　　　　　　（Empowering）
單向溝通　　　　　　　　　　　　　　　　雙向溝通

圖 3.1　風險溝通模式的連續構面圖

資料來源：Fisher, A. (1991). Risk Communication Challenge. Risk Analysis,
　　　　　11, 173 – 179.

風險溝通的模式

　　通常使用的風險溝通的模式有兩種，一爲「技術模式」（techni-cal model），另一爲「民主模式」（democratic model）。前者著重專家及專業，常用統計模擬與風險預測，希望藉專家的權威來傳達知識，以超越外行人的無知，進而達到專家所建議或者政府所擬定的政策目標。但此法常被指責爲視野狹窄或決策過程單薄。後者旨在避免「專家對外行人」這種單向溝通的弊端，希望能在決策過程中邀集所有相關人士參加，其重視一般人對風險的觀感與認知程度，並企求得到大家都能接受的解決方法（曹定人，1993）。

　　事實上，上述兩種模式乃是兩種極端情形，在眞實世界中的風險溝通模式應該類似於 Fisher（1991）所描述的，是一個連續構面圖（圖 3.1）。在圖的左端，其情形是專家評估風險的大小並告知人們。換言之，此種風險溝通方式是由專家到目標羣衆的單向溝通。在圖的右端，風險溝通被視爲是一種能強化人們權利（empower people）的方式。此時公衆可以思考不同的風險議題，依據自己的意志對風險問題作決策，並提供適切的建議給予風險管理單位。換言之，此種風險溝通方式是雙向的，羣衆可以對疑點提出問題或提出其看法以作爲評估時的參考。但是，通常專家不願擔任此型所賦予的角色，其原因通常在於：(1)它除了評估風險等級之外，尚須加入其他的

考慮因素；(2)專家認為增加羣眾權力會導致運作癱瘓（其實即使沒有增加羣眾權力，他們也會藉由媒體、遊說、挨家挨戶的勸說或動之以情等方式來阻止不受歡迎的計畫之推行）。

□ 風險溝通的困難與障礙

許多政府技術部門的人員非常欠缺與民眾溝通互動的經驗，他們經常是聽到民眾的抱怨之聲後，才第一次發現問題並且去正視問題所在。政府的代表人員在這個情況下所扮演的角色經常是進退兩難，即到底應站在民眾的立場或是政府的立場？

政府在風險溝通方面也一樣面臨相同的困境，甚至有過之而無不及。例如，許多政府部門中有實務經驗者認為，解釋風險比解釋技術上的資訊更為困難，因為他們認為無論他們做何解釋，民眾對此一事件的看法早已根深蒂固不易改變；相對的，民眾也認為政府代表是絕不可能對他們說實話，所以，政府部門和民眾雙方皆認為不管他們說什麼，都對另一方的認知不會有任何影響的。

就因為這些原因，因此某些政府代表便認為沒有溝通就是最好的溝通，但是許多實證研究告訴我們，與民眾更多的互動只會幫助問題獲得更好的解決（Billie et al., 1990）。由以上的描述可知，風險溝通之所以窒礙難行的原因包括：

1.不了解民眾所關切的課題。

2.民眾對於訊息來源缺乏信心。

3.溝通管道的偏差。

4.民眾對風險認知不足。

而簡慧貞與阮國棟（1993）也提出風險溝通可能發生的問題，其內容包括：

☞ **訊息本身（message）的問題**

・因對科學上的數據、模型或方法缺乏一致的肯定，或在風險評估上仍有許多不確定因素存在。

・高科技方面的風險評估不是一般人所能理解的。

☞ **資料來源（source）的問題**

・對有關當局的訊息缺乏信心。

・在科學領域上存在爭議。

・能說明風險問題的有關當局很少或來源有限。

・無法揭露風險評估的限制及不確定性。

・對於民眾關心、害怕、嗜好、價值觀等了解有限。

・使用官僚或科技上難懂的語言。

☞ **溝通管道（channel）的問題**

・媒體對題材上選擇的偏差，強調戲劇性、錯誤、不和諧及衝突的報導。

・科學上的結果在未完全確定時即被公布出來。

・媒體在轉換訊息上，以不正當的方式去誇大風險或曲解事實。

☞ **接受者（receiver）的問題**

・對風險程度認知不足。

・對科學或風險的複雜性不感興趣。

・對自己能避免災害的能力有過度的自信。

・對政府法規的規範能力，過度的依賴。

此外，Hadden（1989）則強調風險管理者應重視「風險溝通在制度上的障礙」（institutional barriers）。他指出風險溝通的工作確實是充滿了困難，而傳統的風險溝通和新的風險溝通所面對的困難是有所不同的。其中，傳統的風險溝通（old risk communication）是指專家們試圖說服那些不了解風險評估和決策的外行人（layman）。此

時困難往往是發生於「被溝通者對風險知覺的了解不夠及獲知機率資訊的困難重重」，而這些問題在過去已有眾多文獻深入探討（Keeney & von Winterfeldt, 1986）。另一方面，新的風險溝通（new risk communication）則強調某活動的決策過程中對風險持不同意見的不同派別（parties）或參與者間的對話（Hance, Chess, & Sandman, 1988; Rayuar & Cautor, 1987）。此時困難往往是發生於「缺乏明確的參與制度」（participatory institution）（Kasperson, 1986），此即 Hadden（1989）所謂的「風險溝通在制度上的障礙」。

換言之，所謂的「風險溝通在制度上的障礙」並非因為一般群眾或資訊特質所造成，而是組織對風險溝通的日常運作（day－to－day operation）所產生。這些障礙包括：(1)制度所造成的蒐集資料的障礙；(2)制度所造成的民眾獲取資料的障礙；(3)制度所造成的了解的障礙；(4)制度所造成的執行的障礙。茲說明如下：

☞ **制度所造成的蒐集資料的障礙**

Hadden（1989）假設政府擔任「蒐集風險資訊並使其能提供利用價值予潛在使用者」的角色，而蒐集完整資料的一個障礙是初始量（threshold quantities）在報導法令上的過度使用。此外，在美國許多關於風險溝通的法令為聯邦政府所制定，但其仍需地方政府共同參與和配合。然而，不同層級的權責機關之間的複雜關係及法令間的矛盾卻往往造成資料蒐集及利用上的的障礙。

☞ **制度所造成的民眾獲取資料的障礙**

重複的報導（multiple overlapping reports）使民眾必須重複閱讀多種形式的資料以了解某一項事物，因此它其實是會妨礙風險溝通的有效進行。其次，民眾於媒體所獲得的風險訊息往往也是已經過篩選過濾的，其已隱藏了部分的真實內容。另外，多重機構（multiple agencies）以及其運作過程的繁複亦是阻礙民眾獲得資訊的原因。例

如，在紐澤西州政府內執行「獲知權法律」（right–to–know laws）的四個權責機關間的抗衡便阻礙了風險溝通工作的完成，而這種多重機構及其繁複的運作過程乃是源於對單一工作的重複授權。

商業機密是另一個造成民眾無法獲得資料的潛在障礙。事實上所有風險溝通的法律都有保障商業機密的味道，其結果固然使私人得以因不公開新發明而獲益，但卻也明顯的與「賦予人民有獲知的權力」的法律相牴觸。在著名的 Title III（The Third Title of Superfund Amendments and Reauthorization Act）中，國會允許私人保有部分的商業機密以換取企業界對其他條款的認可。儘管在 Title III 下，管制下的社區（regulated community）可能會公布視為商業機密的化學物質，但毫無疑問的，人們辨識訊息正確性的能力會因企業充分掌握法案條款的優勢而受到限制。而其他有關風險溝通的法律所得的經驗亦顯示同樣的結果。

☞ **制度所造成的了解的障礙**

決策者是否了解資訊的內涵也是風險溝通成功與否的重要指標。目前電腦並未有效的將相關資訊予以整合（organize），而重複過度的報導所累積的資料及報導的格式（format）都有礙於決策者的了解。

☞ **制度所造成的執行的障礙**

風險溝通的最後一個因素（尤其是新的風險溝通）是決策者是否能將所知悉及了解的風險資訊予以執行（action）。Hadden（1989）列舉了幾個執行障礙：首先是人們可能不知道其有權獲得資訊或使用資訊的價值何在；第二是政府的官員們對風險溝通不重視，使得執行成效不彰；第三，也是最重要的一個，即缺少一個民眾可賴以諮詢、訂定優先順序（set priorities），以及與企業和政府共同從事風險選擇（risk choices）的專責組織。

風險溝通的基本原則

□ 有效的組織內部風險管理

　　所謂有效的「組織內部風險管理」即是先由組織內部的管理來鼓勵有效的風險溝通，換言之，公司或政府單位的高階主管及幕僚單位對風險管理愈重視，可使風險溝通的推動更有效率。反之，若公司、政府的高階主管對於風險管理毫不重視，勢必使得風險溝通徒具形式，而難以奏效。所以有效的組織內部風險管理的重點有二：(1)如何說服高階主管支持風險溝通；(2)高階主管如何鼓勵組織內部做風險溝通。

如何說服高階主管支持風險溝通

1. 許多高階主管的心理障礙來自於害怕失敗，所以成功例子的提供可以幫助高階主管克服他們的心理障礙。
2. 回顧過去的經驗以評估－回饋，以計量的資料來衡量過去在風險溝通上的表現。
3. 從報紙或期刊上蒐集一些民眾關切的資訊來支持風險溝通的必要性。
4. 蒐集其他公司處理民眾問題的作法與建議，避免重蹈覆轍。
5. 高階主管對風險溝通不重視或有心結的另一個原因為不知從何著手，所以提出具體步驟則可幫助高階主管跨出第一步。

高階主管如何鼓勵有效的風險溝通

☞ 做承諾

如果高階主管對風險溝通不重視，則下屬不可能做任何這方面的承諾，而風險溝通也就不可能達成。

☞ 開放內部的溝通管道

如果公司允許員工對公司有不同的建言，那麼員工在處理外界不同的意見時會較無後顧之憂。

☞ 分配資源

公司應將風險溝通視為一種「必需品」，而非「奢侈品」，所以投注人力物力在風險溝通上是必要的。

☞ 關心民眾所關切的議題

高階主管應避免要求員工擔任他們與民眾之間的緩衝器，相反地，主管們更應擴大扮演他們在風險溝通上的角色。

☞ 訓練員工

無論是高階主管或員工都有和民眾接觸的可能，而與民眾溝通的技巧是需要培養與訓練的。

☞ 發展一套風險溝通的模式

把有效的風險溝通的知識或訊息分享給每位員工，例如舉辦時事通訊或小型的研討會。

☞ 提供溝通的誘因

把溝通列入工作說明書或納入工作考核項目。

☞ 制定風險溝通的計畫

公司在制定風險溝通計畫時應長期考量，例如把環保議題納入溝通計畫的範疇。

☞ 評估

從「評估與回饋」中再做修正。

□ 及早公開資訊

到底何時才是把資訊公開的最佳時機，這是一個很難做決定的問題，政府或企業所擔心的是太早把資訊公開會導致人們恐慌及對資料的誤解，所以政府或企業多半都會把資料保留不予公開。但是這種保守的作法其實是忽略了兩個重要的因素，即人們等待的不安以及人們被延遲告知所產生的憤怒。尤其是有關健康的資訊若被政府封鎖，則人們往後就很難再去相信這些資料的公正性。但是所有資訊是否都應該及早公開，這就要視情況而定（Billie et al., 1990）。所以及早公開資訊所牽涉的議題包括：(1)為何要及早公開資訊？(2)決定是否要把資訊公開？(3)如何及早公開資訊？(4)不能及早公開資訊的補救之道。

要及早公開資訊的十個理由

1. 人們有權知道攸關他們生命的資訊。
2. 及早公開資訊有助於問題的解決。
3. 如果你把資訊隱藏起來，事情也遲早會被發現，並且會使你失去信用。
4. 如果你第一個把資訊公布出去有助於你對正確的資訊有更好的控制。
5. 如果及早把資訊公開，可以使公眾有更多的時間參與決策。
6. 及早把資訊公開，可避免類似的事情發生。
7. 事先把資訊公開所需的工作量遠低於延遲發布資訊所需面對的善後工作。
8. 及早公開資訊有助於取得公眾的信任。

9. 延遲資訊的公開只會造成民眾的埋怨和憤怒。

10. 延遲資訊的公開會使民眾反而高估風險的存在。

決定是否要把資訊公開

1. 如果人們即將處於風險之中，則應馬上告知風險資訊。

2. 如果政府已經調查出人們所不知情的潛在危險，政府應該告知民眾，否則若事後讓民眾發覺，反而背上「隱瞞實情」的罪名。

3. 如果媒體在你公開資訊前已搶先報導了，你仍然要以你的身份再將資訊公布一次，因為媒體在報導之前並不會先和公司確認資訊的公正性，如果政府不把訊息再重新公布，往往會造成錯誤的訊息，對民眾產生誤導。

4. 如果你或其他人已經把某一事件的新聞公開了，則你應該提供更多的資訊給新聞媒體，而不要讓媒體僅依很少的訊息來做報導。

5. 如果你不完全相信所蒐集的資料，則應先將你的作業程序先告知民眾，但是對於那些未經證實或確實有疑問的資訊先予以暫時保留，不可公開。

6. 如果你初步調查的結果已顯示問題的所在，並且你亦相信此調查結果，則應把這些資訊公開並且說明資料的暫時性，後續仍會有完整的研究。

7. 在你決定要把資訊（特別是不好的訊息）延遲公開之前，請先考慮到後果──民眾將會對政府或企業的代表喪失信心。

如何及早把資訊公開

1. 適時適地的把資訊公開。

2.不需等到事情完全確定了才將資訊公開出去。

3.把資訊公開前先預期民眾會有什麼樣的問題，並事先設想答案。

4.把經理們聚集在一起進行公開資訊的情節推演。

5.給予你要溝通的對象（政府、環境學家、員工）第一手資訊，而不是讓他從媒體獲知事情的發生。

6.避免謠言的中傷，儘快把資訊公開給每一位聽眾（包括媒體）。

如果你不能把資訊及早公開，怎麼辦？

1.如果一定要等到資訊蒐集充足了才把資訊公開，則應在這段期間內以現有初步的資料發展管理的方案，並建議社區民眾在這段期間內對於風險發生的應變之道。

2.如果爲了某些原因而不能及時把資訊公開，不要以資料需要進一步的證實爲由，而應該坦白眞正的原因，在別人問起之前先予以說明，避免讓民眾產生猜疑。

3.如果你決定現在不把資訊公開，應不要保持緘默，而是要讓民眾知道你現在資訊蒐集的進度與程序，承諾民眾何時公開資訊並確實做到。

□公眾參與

政府或企業應該鼓勵居民共同參與的理由如下：

1.民眾有權知道與他們生活有直接影響的議題。

2.公眾參與有助於讓民眾對於特殊的風險更了解。

3.政府了解民眾的需求可以導致更好的公共政策及解決方法。

4.建立民眾與政府（企業）之間的信賴感，提供彼此雙向溝通的

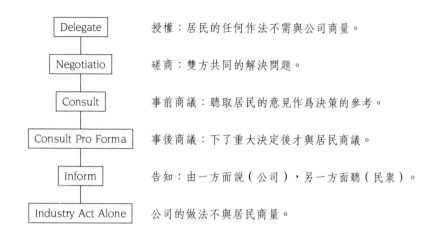

Delegate	授權：居民的任何作法不需與公司商量。
Negotiatio	磋商：雙方共同的解決問題。
Consult	事前商議：聽取居民的意見作爲決策的參考。
Consult Pro Forma	事後商議：下了重大決定後才與居民商議。
Inform	告知：由一方面說（公司），另一方面聽（民衆）。
Industry Act Alone	公司的做法不與居民商量。

圖 3.2　公衆參與程度的階梯圖

機會，企業可透過共同決策，而使工廠的作業情況更佳。

然而公衆參與亦並非只有百利而無一害，它的壞處在於：公衆對風險資訊所知愈多，其意見就愈多，而雙方抗爭的結果只會使關係繃得更緊。所以公衆參與不是「完全參與」和「完全不參與」的兩極化現象，而是一種循序漸進的步驟，其情形就如同圖 3.2 的公衆參與程度的階梯圖所示。

當政府或企業決定要採行公衆參與之後，其仍需要就下列的各種可能的作法加以考慮：

1. 儘可能使民衆參與決策的過程。

2. 在風險評估的最初階段就應該邀請民衆共同參與。

3. 在一開始就應對居民所扮演的角色有一明確的定義，因爲民衆與政府之間的爭執往往在於政府對民衆參與決策過程中所扮演的角色認定不清，例如，政府答應要「公衆參與」，但所有決定事項仍不與民衆溝通，就會使民衆產生抱怨。

4. 政府部門應承認在某些受法律限制的情況下，政府在決策過程

中只能給予民眾少許的權力，而企業則沒有這方面的限制。

5.不同社區居民對於不同程度的參與類型有不同的偏好，所以應該針對居民所喜歡的方式來做調整。

□ 建立信賴感

通常信賴感的建立是溝通當事者的基本原則，信賴感的建立與否會導致不同的結果，一是尊重與了解、一是敵對與憎恨，通常要獲得別人的信任必須具備三種特質：有能力、關心別人，與誠實。然而雖然你以誠實來處理社區間的問題並且讓民眾參與決策的過程，並不保證他們一定會同意你既定的方案或者滿意你的答覆，但可確定的是如果你喪失了人們對你的信賴感，你肯定是得不到人們的贊同（Billie et al., 1990）。以下即說明獲得信任感的原則，並將政府或企業最常犯的錯誤及其挽救之道列舉對照如表 3.4。

1.了解獲取信任的原因，由以下五個問題的答案便可獲知：
- 這部門的能力如何？
- 這部門關心他人的程度如何？
- 這部門是否鼓勵公眾參與？
- 這部門的信譽如何？
- 這部門有把風險的構成因素納入考慮嗎？

2.注重過程的重要性：過程是風險溝通上最重要的一環，每個風險溝通的對象都同意政府或企業部門在做決策時，過程的順利與否是最關鍵的決定因素。

3.解釋政府部門的作業過程：政府部門可以提供政府內部作業的程序讓民眾了解，因為政府內部的作業對一般市民而言一直是一個謎，民眾了解之後，對於政府部門及代表日後會有什麼行動及作法都較易諒解。

表 3.4　政府或企業最常犯的錯誤及其挽救之道

	最常犯的錯誤	挽救之道
1	不考慮居民的身家性命直接作決定	讓民眾參與決策過程
2	居民如果不要求，不必把資料公開	在人們未了解真相之前，先將資料公開
3	把人們的感受視為不相關或不理性	重視人們的感受
4	開空頭支票	答應民眾的事要盡力去完成
5	永遠不要承認你是錯的	勇於承認自己所犯的過失
6	裝作每件事情都知道	對不知道的事不要假裝知道
7	說一些專業術語讓大家聽不懂	與居民溝通要深入淺出
8	表現得很圓滑高高在上的樣子	保持誠懇的態度對人
9	當問題發生時儘量把消息封鎖不讓外人知道	問題發生了要及時告知其他有關公司及政府部門
10	對風險避重就輕	正視每一個可能發生的風險並處理它們
11	儘可能節省花在風險溝通上的資源	投入人力物力在風險溝通的努力上

4. 從一開始就把資訊公開並且讓民眾參與。

5. 建立信賴感比提供好的資料還要重要：因為民眾對風險的判斷不完全依照資料的好壞來做決定，反而對政府部門的感覺是否良好才是他們主要下判斷的準則。

6. 言行一致（就你對民眾所承諾的事努力做好）。

7. 只承諾你能力範圍可達成的事。

8. 提供民眾所關切的資訊。

9. 提供正確的事實（誠實）：在你提供資訊給民眾時，務必一再地檢查資料的正確性，因為一旦把錯誤的訊息提供出去，將會

造成誤導，並使你永遠失信於人，千萬不要認為人們會忽略這點。

10.和其他的部門互相協調：如果部門與部門之間不能互相協調要對民眾採取何種行動，那麼結果將會令人困惑，並且民眾對政府的信賴感將予以打折。

11.確定在你組織的內部已獲得一致的協調：如果十個人針對同一個問題所得到的答案都不相同的話，那麼，對於組織的信賴感將會降低許多，千萬不要以為對甲民眾所說的話乙民眾永遠不會知道。

12.不要提供混淆不清的資訊：風險的議題早就使人難以了解，如果政府提供混淆不清的資訊將使情況變得更糟，還有政府多重的目標也會導致社區居民的困惑。

13.傾聽不同團體對你的建言，避免觸怒其他團體。

14.把對與社區居民建立信任感的組織所提供的幫助列出來。

15.避免秘密式的集會：秘密地集會容易讓民眾認為部門對於資訊有所隱瞞，但這並不意謂著不能有私人的聚會，而是對民眾處理這方面的問題時需格外小心。

16.如果在信任感很低的情況下，考慮使用以下步驟：

・回顧風險的類別及其途徑。

・了解使民眾失去信賴感的原因。

・不斷地更新你的資訊。

・詢問對你不信任的人如何。

・把你的反應個人化。

・和民眾分享資訊並提供參與的機會。

・耐心。

風險溝通之規劃（事前）

□ 確定溝通的對象及議題

政府部門或公司風險溝通的效果不彰，往往歸因於他們並沒有花很多時間去了解人們在關心什麼，或人們需要什麼樣的資訊；很多開會時應注意的事項沒有妥當的準備而引起與會者的抱怨，也就是對民眾的訴求不夠了解。所以，風險溝通事前規劃的第一步乃在了解溝通的對象及發覺民眾所關切的議題，真正去了解你要溝通的對象，他們所關切的事是什麼，提供他們何種資訊可幫助他們做決策，而非一味地把自己的觀點加諸他們身上，影響他們的判斷。

風險溝通的對象包括政府當局、公司及工業團體、工會、傳播媒體、科學家、專家組織、社區、感興趣的大眾團體及市民個人等。各種溝通對象皆可能扮演資訊提供者及接受者的角色（表 3.5），各種不同團體對風險感受亦有所差異（表 3.6）。

確認主要溝通對象的方法

1. 與曾經處理過相同事件的同事討論哪些是有興趣的對象及他們所關心的事為何？

2. 決定哪些對象應先予以溝通，並將他們分為三個部分有助於安排溝通的優先順序。

   ・對事情有高度興趣者：對於他們應儘可能接觸。

   ・對事情有中度興趣者：對於他們應保持聯絡。

   ・對事情沒有太大興趣者：不需要花太多精神在他們身上。

3. 當你在接觸人們時，不妨問問他們是否還有其他人是你必須去

表 3.5　風險資訊之提供者與接受者

有關部門	資訊提供者	資訊接受者
・政府機關	v	v
・企業公司	v	v
・工業界	v	v
・工會		v
・媒體	v	v
・科學家（學者）	v	v
・學會	v	v
・公益團體		v
・一般民眾		v

資料來源：謝顯堂，1992。

接觸的。

4. 由民眾的出席率及媒體的接觸程度可看出人們對事情的關心程度。

5. 在召開社區會議時，讓與會者簽名，簽名者便是你應接觸的對象。

6. 注意相關團體的時事通訊報導。

7. 注意社區的時事通訊報導。

發覺民眾所關切的議題

以下幾點有助於確認溝通對象所關切的問題：

1. 哪些團體先前已經牽涉過這個議題了？

2. 哪些團體可能會受政府及公司的行為所影響？

3. 哪些團體如果沒有被邀請磋商可能不高興？

表 3.6　不同團體對三十種活動及科技所感受的危險度所排優先順序的差距

活動或科技	婦女選舉人聯盟	大學生	俱樂部會員	專家
核能發電	1	1	8	20
汽車	2	5	3	1
手槍	3	2	1	4
吸煙	4	3	4	2
機車	5	6	2	6
喝酒	6	7	5	3
私人飛行	7	15	11	12
警察工作	8	8	7	17
疫病	9	4	15	8
手術	10	11	9	5
火災	11	10	6	18
大型工程	12	14	13	13
打獵	13	18	10	23
殺蟲劑	14	13	23	26
爬山	15	22	12	29
腳踏車	16	24	14	15
商業飛行	17	16	18	16
電力	18	19	19	9
游泳	19	30	17	10
避孕	20	9	22	11
滑雪	21	25	16	30
X光	22	17	24	7

表 3.6　不同團體對三十種活動及科技所感受的危險度所排優先順序的差距(續)

活動或科技	婦女選舉人聯盟	大學生	俱樂部會員	專家
高中及大學的足球	23	26	21	27
鐵道	24	23	29	19
食物防腐劑	25	12	28	14
食用色素	26	20	30	21
電動割草機	27	28	25	28
抗生素藥方	28	21	26	24
家庭電器	29	27	27	22
預防注射	30	29	29	25

資料來源：Slovic, P., Fischhoff, B. and Lichtenstein (1980). Facts and fears : Understanding perceived risk. In Societal Risk Assessment : How Safe is Safe Enough. Plenum Press : New York, pp.181 – 216.

4.哪些團體可能會有重要的消息或意見可以對你有幫助？

5.哪些團體的意見可以確保公司這個議題維持平衡的觀點（正反方皆要考慮）？

6.哪些團體在公司行動時會有其他意見？

7.哪些團體只想知道公司在做什麼，但並不想投入？

而確認民眾所關切的事項更可以透過具體性的做法，幫助我們歸納與了解民眾所關切的焦點為何？

1.回顧過去的報紙剪報。

2.與過去處理過相關事件的同事討論。

3.與社區居民非正式的溝通，以了解他們關心的事情為何。

4.對於關心社區的民眾進行開放式的問卷調查，請他們寫下所有的問題與關心的事。

5.發展一套調查方法（如登門訪問、開會、信件等等）。

6.在會前先進行腦力激盪。

7.在會後再進行一次腦力激盪。

8.與顧問委員會進行諮商。

9.進行民意調查。

10.處理這些目標羣體的意見或反應。

民眾可能會提出的問題

民眾關心的事情可歸納為以下四個範圍：

1.健康與生活方式（什麼會影響我和家人）。

2.資料與資訊（是什麼樣的廢物或污染）。

3.過程（我將會受到什麼樣的對待）。

4.風險管理（公司對此事件要如何處理）。

茲將以上四點分述如下：

☞ 健康與生活方式

・這些化學物會對我的健康造成什麼樣的影響？

・這些化學物的安全範圍為何？

・我的小孩會受到什麼樣的影響？

・在這裡住二十年會不會比住五年更容易罹患癌症？

・公司做過什麼研究來支持你保證對健康無害的聲明？

・我們已經處於 X 的風險中了，Y 的出現會更增加風險嗎？

・我們的生活品質會受影響嗎？

・在這事件中我們將受到什麼保護？

☞ 資料與資訊

・如何確定你是誰？

・最差的情況是什麼？

- 你如何得知這些成員的資訊？
- 我如何知道你的研究是正確的？
- 其他人對這個事件的看法如何？
- 我們暴露於風險的程度和標準比起來如何？
- 你說 X 不會發生，有何證據，如果真的發生了，你會如何處理？

☞ **過程**

- 我們要如何參與決策？
- 意外事件發生了，你會如何告知我們？
- 為何我們應該相信你？
- 什麼時候用什麼方法我們可以聯絡到你？
- 你還把這事件告訴了哪些人？
- 我們何時才會有你的消息？

☞ **風險管理**

- 這問題何時才會處理好？
- 你為什麼會使這事件發生，你又做何處理？
- 其他人的意見如何？為何你要選擇 X 方案？
- 你處理問題的步調怎麼那麼慢？
- 政府代表在這事件中扮演什麼角色呢？
- 我們到底牽涉什麼樣的事件？

社區居民經常要求的改善

　　企業或政府單位認為社區居民或環保團體的要求太多了，絲毫沒有考慮到以往公司所做的努力，而民眾卻認為企業或政府單位所做的改善非常有限，並且和民眾所要求的改善事項有極大的差異，以下便以美國化學工廠為例，列舉污染性設施的社區居民經常要求的改善：

1.現在比過去減少更多放射物。

2.承諾未來會比現在減少更多的放射物。

3.安置控制設備。

4.訓練人員對緊急事件的處理。

5.幫助社區訓練警察、消防人員及增購設備。

6.降低事件發生的可能性。

7.減低事件發生的規模。

8.擁有徹底的緊急事件處理計畫。

9.水質與空氣品質的監控。

10.儘量減少資源使用所產生的廢物。

11.減少危險原料的儲存。

12.對已受傷害者進行賠償並建立索賠的制度。

13.提供有關健康風險的資訊。

14.從事環境風險與健康風險的研究。

15.提供證實改進的資料供民眾取存。

16.與技術監督者共同檢查設備，以證實公司的進步。

□ 了解問題的本質及傷害發生的原因

　　政府單位或企業的代表往往感到困惑的是，為何抽煙或開車沒繫安全帶所帶來的風險和少於百萬分之一機率會致癌的污染風險相較起來，人們較在意後者帶來的風險，其癥結在於不了解民眾對風險之所以排斥的原因（絕非僅依機率的大小來判斷）。所以，公司在解決風險問題時，應了解民眾認定傷害的原因是什麼，專家對風險的定義是以每年的死亡率來評量風險的大小，而民眾對風險的界定不僅只是死亡率而已，民眾所認定的風險尚包括其他因素所造成的傷害，是故民眾對風險的定義是死亡率和罹病率兩者的加總，是故政府或公司對處

理風險問題的態度不是依照自己一廂情願的看法，而要考慮到民衆眞正關心的是什麼，把傷害的因素及民衆所關切的問題視爲和科學的變項一樣重要，並且不要低估民衆了解科學的能力。

專家所定義的風險比民衆所定義的風險來得更狹義，以下要素便是釐淸風險的性質，有助於了解民衆不願意接受某種風險的原因。

☞ 自願與非自願性的差異

風險如果是自己選擇（如登山），則較容易接受，對於自己不能選擇的風險則較易排斥，因此讓民衆共同參與共同決定是有其必要性的。

☞ 自然的與工業的差異

洪水的氾濫與工業污染一樣都會造成風險，但人們對於不可抗力之因素都較能接受。

☞ 公平與不公平的差異

有補償會使居民較願意接受風險，所以公司必須詢問居民怎樣的補償才能讓居民覺得公平。

☞ 熟悉與陌生的差異

熟悉的風險與熟悉的環境有助於減少傷害的發生，所以公司應常舉辦參觀或展示活動，使居民更熟悉環境。

☞ 對過去記憶深刻與否的差異

無論是個人經驗或媒體報導的記憶，難忘的事件與對風險的印象常會帶來更大的傷害，所以公司在向民衆道歉之前應先把以前的事討論一下。

☞ 不可怕與可怕的差異

癌症和氣喘使人害怕的程度就有所不同，所以如果你沒辦法減低可怕的事情發生，那麼就應該去了解它。

☞ 可知與不可知的差異

專家同意嗎？他們了解傷害嗎？所以公司應提供一些資料讓民眾了解。

☞ 道義上的不相關與道義上的相關之差異

就像警察局長討論「多少兒童被傷害是可被接受的範圍」，雖然不可能達到零，但至少應以零風險做為努力的目標。

☞ 個人控制與系統控制的差異

大部分的人會認為開車比坐飛機安全，也就是說人們相信自己甚於相信系統，所以公司應儘可能將決策權或控制權分給民眾。

☞ 可信任與不可信任的差異

製造空氣污染的廠商常使人沒有信任感，久而久之，不良的形象被確立了，公司將花費更多的努力，才能取得些微的信任。

☞ 開放的過程與封閉的過程之差異

對於過去所犯的錯誤是真心改過或是一味敷衍，對民眾所關心的問題是負責或是逃避的態度。

☞ 可被科學所解釋與不可被科學所解釋

可經由科學證實或解釋的風險較為人所接受。

□ 風險訊息的設計

訊息溝通的目的，是用來傳遞新事件的資訊，以改變接受者的態度、行為，或者是鼓勵參與決策的制定，所以訊息的建立必須考慮到預期成果。在討論訊息溝通目的之前，先考慮訊息被公眾所接受的決定因素（Elaine, Bratic, & Arkin, 1989）：

☞ 清楚（clarity）

訊息的傳遞必須確保公眾有能力使自己作正確的選擇，減少誤導及不適當的行動，儘可能減少使用專業的術語。

☞ **一致性（consistency）**

理想的情況之下，對於特定主題的風險訊息應該是相同的，減少對科學的模糊及不信任、增加公衆了解的機率。

☞ **切中要點（main point）**

訊息設計者應該清楚的陳示重點，讓公衆理解和確定這些重點是被強調重複的。

☞ **語調和訴求（tone and appeal）**

訊息的陳示可能採取正面和負面的態度，端視公衆可能被影響的情形。

☞ **信賴度（credibility）**

發言人和資訊的來源應該是被信賴的，尤其是發言人能陳示一件令人信服的訊息和明確的態度。

☞ **公衆需求（public need）**

訊息的建立應該是以公衆知覺和公衆想知道的事件爲基礎，並不是以訊息發出單位的興趣爲主。

Allen（1989）指出美國聯邦政府所發展出的風險訊息有不同的型式，主要是依據風險所存在的情況和接收訊息的對象而定。而聯邦政府在風險訊息的設計過程中也得到一些教訓：

☞ **設計目標**

設計符合實際，並可達成的目標，而不是嘗試去治療所有的癌症或者是消除所有的污染源。

☞ **觀衆感受**

如何讓觀衆感受到一件清楚而且眞實存在的風險訊息是相當困難的，尤其是慢性風險的來源。

☞ **觀衆測試**

對於已設計完成的風險訊息，必須對觀衆進行測試。

Callagham（1989）亦指出建立有效的風險溝通策略，必須衡量訊息和接收訊息對象的本質，以及儘可能有最高的準確性與最低的欺瞞行為，所以風險訊息的設計必須符合下列條件：

1. 訊息的來源必須有相當可靠的科學證明。
2. 訊息在所有觀眾之間的傳遞過程，必須保持資訊的一致性，確保所有相關者能了解這個訊息。除了以上兩位學者對風險訊息所提出的看法之外，同時成本與效果考慮也是不容忽視的。

所以風險訊息的設計首先要了解的是，什麼資訊對民眾是有幫助的，然後再清楚、明確地表達一些重要觀點，至於對民眾沒有用處的資訊，也應事先準備好，以便回答居民臨時提出的問題。

使用淺顯易懂的言語來表達是簡化風險資訊的一種做法，另外使用風險比較也是一個很好的方法，但必須注意的是比較不當反而會造成誤導（Billie et al., 1990）。所以訊息設計所討論的重點包括：(1)簡化風險資訊，避免使用難懂的科技語言；(2)使用風險比較；(3)公布風險資料時所需解釋的事項。

避免使用專業術語的方法

1. 自我檢討是否在表達時常會使用專業術語，如果是，則應儘量避免。
2. 用一些淺顯易懂的句子來代替難懂的句子。
3. 除非真要使用專業術語來表達才能解釋清楚，否則儘量避免。
4. 如果要解釋專業術語的意義，應先以簡單的用詞來說明其概念再說出專業術語。
5. 大多數的人都對專業術語極為厭惡，所以當衝突已經發生了，使用專業術語時要更加小心，以免造成積怨更深。
6. 請你的聽眾隨時糾正你的用詞。

7.和你的同事們互相提醒。

8.把自己要表達的句子寫下來，請一位不懂專業術語的人唸一
次，以確定這些用詞是否夠簡單明瞭。

使用風險比較

風險比較是指以相同或不同的事物做風險的比較。此種方法可使
得風險的訊息更易被人理解，有助於有行為動機者產生行為上的改
變。風險比較的方法可提供觀念上衡量風險的相對尺度，尤其在一種
新的或不熟悉的風險產生時。風險比較在強調問題的重要層面時有許
多好處，它似乎能直覺的令人接受，並且轉換一些危險的過程成為一
些較自然的思考模式。

有經驗的風險管理者會建議使用風險比較的方法使風險的統計更
為清楚，然而風險比較使用不當反而會導致更糟糕的反效果。風險比
較本身亦有其限制存在，如風險比較的不確定性無法加以強調或確
認；無法對於測量或定義風險數量化的方向詳加考慮；對於一般民眾
所關心的風險問題或科技問題無法廣泛的加以數量化。所以使用風險
比較時必須格外小心。

以下便是風險比較的層級（hierarchy of risk comparisons）：

☞ **第一層比較**

・比較相同風險在不同時點的大小。

・用某一種標準做比較。

・用不同的測量方式做比較。

☞ **第二層比較**

・比較做與不做某事所導致的風險有何不同（例如加裝最新的防
治放射物設備的風險為 X，不裝防治放射物設備的風險為
Y）。

．比較不同的解決方案。

．比較不同地點的風險。

☞ **第三層比較**

．比較平均風險與最低風險的差異。

．比較特定風險所導致傷害與全部風險來源所導致傷害之差異
（如由於暴露在 X 放射線下所導致肺癌占全部罹患肺癌的比
例）。

☞ **第四層比較**

．比較不同風險與成本的比例。

．比較不同風險與利益的比例。

．比較職業風險與環境風險的不同。

．比較同一來源的不同風險。

．比較同一種疾病或傷害的各種不同的原因。

☞ **第五層比較**

．比較二或三個不相關的風險（如比較放射線、開車、抽煙的風
險）。

公布風險資料時，所需解釋的事項

☞ **主要的解釋**

．這種化學物是什麼成份、味道如何？

．這種化學物的用途如何？

．公司庫存多少量放射出來的量是多少？

．這些化學物在空氣中、水中、地面……會呈現何種狀態？

．它們有何慢性或急性的影響？

．何種狀態最危險？

．它們對什麼人的危害最大，小孩？老人？病人？

・在這種污染的環境下多久會危害健康？

・動物實驗、流行病學研究，這些資料有何用處？

・未來會蒐集何種相關資料？

☞ **附帶或相關的解釋**

・這個風險是否比過去高／低，比未來可能高／低？

・公司該有何方法去檢視風險或降低風險？

・居民如何知道公司是否有落實這些方法？

・完成這些方法的時間表為何？

・公司如何把訊息傳遞給社區居民？

・公司中的那些員工是負責處理社區居民的問題？

□ 溝通管道的設計

當目標觀眾被界定，就必須選擇最可能達到溝通效果的管道，以及最適當的風險訊息。每一個溝通管道提供不同的利益以及迎合不同的訊息設計，所以管道的選擇可能有下列幾種情形：(1)大眾媒體的組合效果（例如：電視、收音機、報紙、雜誌等）；(2)人與人之間的互動溝通效果（例如：同學之間、家庭成員之間，與健康專家之間等）；(3)社會羣體間的效果（例如：受僱單位、健康部門和學校等機構）。本節僅就發言人、公關人員，與媒體提出討論：

一個成功的發言人應具備的屬性

1. 有自信：一個成功的發言人應對自己的知識、反應能力及溝通技巧有信心。

2. 事先準備：一個成功的發言人應很清楚他要傳遞的訊息是什麼，及準備好回答別人的問題。

3. 能幹的：處理事情的態度很機靈。

4.踏實的：發言人也許在這個領域內是個外行人，但他一定會很
　具體的記錄居民的需求。

5.本土化的：發言人必須是社區的一員。

6.權威的：發言人需有種「代表公司」的權威感方能取信於人。

7.富同情心的：分擔別人的感受並傾聽別人的訴怨。

8.自動自發的：由於溝通計畫需要隨時修正，代言人應跟上變化
　的腳步。

9.坦白的。

10.角色中立的。

11.表達能力強的。

公關專業人員所扮演的角色

1.事前的指導代替事後的建議。

2.溝通策略的制定。

3.扮演與居民、專家及其他團體之間聯絡溝通的角色。

4.受過良好訓練的公關人員應該訓練公司的發言人演說及處理社
　區的問題。

5.公關人員不僅負責訓練的工作，並且在每一場公司代表演說
　後，應提出修正與建議事項。

6.好的公關專業人員應把居民所關切的議題記錄下來。

7.公關人員應幫助公司推動一些與居民互動的進行。

8.蒐集有關風險溝通決策的相關資料。

計劃面對媒體的策略

　　媒體在報導環境事件的紛爭時，都不可能過於深入或去修飾事
實，但是他們對於這些事件又非常敏感，一般而言，政府或企業對媒

體的態度是與記者們保持良好的關係，一般大眾對於媒體的唯一要求便是報導真相。因此，事先規劃如何因應媒體的採訪是有其必要的。以下便是面對媒體採訪時的考慮因素：

☞ **目標**

你想透過節目傳達的訊息為何？想讓民眾了解什麼或相信什麼？

☞ **觀眾**

哪些觀眾羣體是你傳遞訊息的對象？官員？員工？消費者？

☞ **管道**

經由何種媒體傳播對你的目標和觀眾是最適合的？

☞ **訊息**

什麼樣的訊息可以讓民眾的想法或觀念改變成你所預期的目標？

☞ **訴求**

什麼是民眾長期所關切的問題？

☞ **新聞性**

哪些問題才是有趣的、重要的、足以成為大眾關心的焦點？

☞ **政策意念**

在媒體上所陳述的事應和實際的作為相吻合。

☞ **邏輯性**

要做好這個節目需要哪些資源？

☞ **排除困難**

了解面對採訪時可能發生的困難並力求解決之道。

☞ **回饋**

大眾對這節目的反應如何？

□ 發展適當的集會

一般認為大型或正式的會議無法發揮政府與民眾之間真正溝通的

本質，它只是政府用來傳送訊息的方法，談不上雙向溝通，反而是小型非正式的聚會較能達到解決問題的功效，如果你不能避免舉辦大型的共同會議，至少要讓政府與民眾雙方都認為受到公平的對待，不要偏袒某一方，這將有助於會議的進行。

社區聚會或會議準備事項

☞ **過程**

- 預先告知相關的人員。
- 邀請適當的人與會。
- 安排公司裡適當的人選做主講人。
- 想想社區代表、環境專家或中立團體與會的可能性。
- 選擇一個適當的地點召開會議。
- 設立議程與預留討論時間。
- 在你開始正式演講之前，確定民眾有管道可以表達他們的意見。
- 在開會之前，把民眾對議程的建議列入考慮。
- 事先考慮如何處理會議中衝突事件的發生。
- 安排一位會議記錄，寫下公司所承諾的事項。
- 想想會後，你將得到什麼樣的回饋。
- 發展一套與媒體接觸的策略，避免被攪局。

☞ **內容**

- 確定自己真正了解民眾關心的議題是什麼。
- 事先設想民眾可能會提出什麼問題，這些問題該如何回答。
- 準備一些有關公司背景的說明。
- 從一些置身事外的人中得到回饋。
- 評估你想發展的題材是否有價值。

- 了解公司是否遵守現有的法規與制度，如果沒有，那麼就要告訴大家你如何做才能遵守法規與制度。
- 及早發現上次會議中公司所承諾的事兌現了沒？

☞ *後勤支援*

- 地點：方便停車，並有指標指引。
- 支援：充分且適合的演講者，且有無巴士接送民眾參觀工廠。
- 設備：視聽器材的事先測試，麥克風、錄音機、桌椅等一切是否準備就緒。
- 時間：時間安排是否可讓上班的人參加，如晚上或週末。
- 食物與點心。
- 其他注意事項。

☞ *困難處理*

- 會前準備好議程，並儘可能接納人們意見。
- 針對觀眾的反應來修正你演講的速度。
- 對於未邀請的團體參加也應妥善處理。
- 事先準備如何處理觀眾的建議需求。
- 會後留下來回答觀眾的個人問題。
- 衝突發生的因應之道。
- 如果與會者超出你所預期的處理之道。
- 如果與會者低於你所預期的處理之道。
- 如果某人在會中發表演講的處理之道為何？
- 如果某人在掌控整個會議的處理之道為何？

尋找適當的集會地點

1. 舉行非正式的集會，有助於鼓勵欲溝通的民眾說出更具意義的對話，反而大型而正式的會議不容易達成解決問題的功效。

2. 如果一定有舉行大型會議的必要，則儘量讓參與的各界有被公平對待的感覺，而不是令某一方覺得在與會之前已先居於劣勢。

3. 儘可能將大團體分成小羣體，使得民衆有更多的機會可以發問。

4. 對於每次開會的目的必須非常淸楚，並且要了解民衆對於這次會議的想法或需求，以便可以很明白的回答民衆所提出的問題。

5. 一般而言，小型非正式聚會的溝通，會比一對一的溝通方式爲佳，其優點在於可以減少成本及讓民衆也可聽聽其他人的意見，但在某些特殊的情況下，例如開完會後個人關切議題的討論，則一對一的溝通方式是最適當的方式。

開座談會時應注意的事項

1. 你想讓公衆知道或相信的事情是什麼？

2. 有何證據證明讓大家相信？

3. 爲何有一些人不會相信你所說明的？他們反對的理由何在？你又作何解釋？

4. 公衆最關切的事情爲何？你如何反應？

5. 如何把第一點與第四點連結起來？

6. 記者可能會問些什麼問題？

7. 你需要作何解釋才能使人們相信你的答案？你的背景爲何？哪些錯誤的觀念需要澄淸？

8. 如何使你的答案更具新聞性？

風險溝通之執行

風險問題的利害關係者，包括製造污染的企業、受污染的社區居民，以及在臺灣特殊政治文化下尤其重要的地方派系，在美國亦有所謂有心的活動者（activists）介入環境紛爭問題，所謂風險溝通的執行不單只是與社區居民的互動，它還包括了上一節談到的媒體，以及與一方派系共事處理之道。但因地方派系的研究與本研究的主題有差距，故本節的重心仍在與居民的互動關係與媒體的因應之道。

□ 與居民的互動關係

上一部分所談到要確認溝通的對象是屬於風險溝通的事前規劃階段。一旦溝通的對象確立了以後，應對不同的羣體做不同的溝通，而在溝通的技巧上，以個人的身份與民眾進行溝通遠比以公司代表的身份更爲有效。再者，傾聽民眾的訴願也遠比解釋說明更爲重要，尤其在處理有關人們價值判斷或主觀感受的事宜時，更是應小心翼翼，因爲處理人類感情（feelings）的問題比處理技術性的問題更爲困難。以下便針對這幾點提出指引：

與不同的對象進行不同的溝通

「公眾」這個字眼經常出現在風險溝通的文獻上，它是指一個議題可能會影響許多團體，並且影響層面亦不盡相同。因此，在與公眾進行風險溝通時，應注意下列事項：

1. 在風險溝通之初，先試著去區隔不同的利害關係羣體並且先與他們做非正式的接觸。

2. 由於每個羣體有不同的需求、不同關切的議題以及不同的背

景，所以應針對目標羣體的不同而有不同的處理方式。

3. 當糾紛引起的時候，要確認公民顧問（監督）委員會所扮演的角色爲何，以及這個組織在處理紛爭問題的優勢及劣勢。

4. 以公平與平等去對待每一個羣體，例如在公開資訊時不應對某些團體有所隱瞞。

以個人的身份與民衆進行溝通

1. 了解人們所關心的事並將它們記錄下來。

2. 了解你對特殊事件發生的感受及處理態度。

3. 儘可能以個人身份在非正式場合中處理問題。

4. 當你在一個公開的集會或場合中演說時，在演說或回答問題之前，先介紹自己（包括名字、背景，以及爲何今天來此的目的以及能爲他們做什麼），這樣則有助於信賴感的建立。

5. 想像自己面對相同的情況，關心你自己、你的家人及財產。

6. 依照人們的需要來排定議程。

7. 如果有人介紹你讓大家知道時，確定他會把你視爲和民衆一樣的普通人，讓人們感覺到你和他們是一樣的，而不只是專家或公司的代表。

8. 無論發生什麼事，都得控制自己的脾氣。

9. 預先準備一些別人會提出有關風險問題的反應方式，例如常說：如果我是你的話，我也會……。

10. 當你進行演說時，儘可能將你的觀點融入演說的內容中，讓人們清楚地知道你的價值觀與態度。

11. 明確地知道人們的情緒反應。

12. 了解一般人性的問題：在你討論公司的污染物是否會造成兒童白血病之前，請先想想一位兒童聽到白血病時的感覺。

13.針對人們的問題做回答，但不要下判斷。如果你以個人的立場而言，並不贊同政府單位的政策，也應避免去誤導民眾。

14.在開會中，不要忘了人性的考量，如準備食物、嬰兒的照顧。

15.向人們解釋為何這種情況之下，你會有這樣的反應。

16.記住人們的名字和遭遇，有助於建立你個人與他們的關係。

17.與人們一起分享社區生活。

傾聽的藝術

當你面對不同對象的訴求時，你需要集中注意力，真正聽出人們想反映的心聲，以下便是一些改進你傾聽技巧的建議：

1.先了解自己聽別人說話時的習慣，例如會不會常打斷別人的話？或太早對別人下判斷？

2.分擔溝通的責任，因為整個溝通的過程要順利進行，說者和聽者是同等重要的。

3.集中注意力，當別人說話時，看著他的眼睛。

4.注意說話者的語氣及肢體語言，有助於了解他真正想表達的意思。

5.給說話者製造一種較輕鬆、舒服的環境，有助於使他表達得更清楚。

6.時時表現頗有同感的回應。

7.在傾聽別人說話時，不要保持緘默，應適時的表達意見，有助於整個談話的進行。

8.不要假裝傾聽，因為很快地別人就會由你的臉上看出你並不專心或不感興趣的樣子。

9.不要在尚未弄清楚狀況時，打斷別人的話。

10. 不要對別人太早下判斷，因爲一旦下了判斷，自己就不容易保持客觀的心態去完成溝通。

11. 當別人所說的話和你的意見相左時，不要馬上辯解，而是應該更仔細聆聽以了解自己不同的觀念在那裡，再提出來一起討論。

12. 不要問太多問題，以免影響原有談話的主題。

13. 不要常對說話者說「我非常了解你的感受」，因爲你根本不可能完全了解別人的感受，如果眞要給說話者一些有同感的安慰，應該說「我感覺你好像很失望」之類的話。

14. 對於較具感情的言詞不要有過度的反應。

15. 除非很必要的情況，否則不要給予對方建議。

16. 不要把傾聽視爲一種逃避眞實溝通的方法。

處理有關人們價值判斷與感受的事宜

1. 了解人們對健康議題觀點的價值觀與感受，因爲當人們在傳遞訊息的同時，也同時提供了一些重要的資訊：他們的需要與訴求。這些訊息對於做決策都是很寶貴的資訊。

2. 在人們表達他們的價值觀與感受之時，應努力傾聽，一方面可獲得資訊，一方面有助於彼此信賴感的建立。

3. 讓人們有抒發情感的管道，否則他們遲早會用另一種方式將心中的不安或不滿表達出來。

4. 當人們情緒激動地訴說一件事情時，要適度地對他們的情緒反應有所回應，而不只是提供一些科學上的實證資料，那對於安撫激動的情緒是無效的。

5. 檢視自己對某項議題的價值觀與感受，以及這主觀的感覺會讓人們對你造成何種看法。

6.藉著發展出一套快速回應社區居民打電話反映問題的系統來表現當局對人們的重視。

□ 與媒體的關係

媒體在日常生活中扮演資訊傳達的角色，且其所傳達資訊的正確性左右著社會大眾的判斷與行動，而在風險溝通的議題上，媒體的角色更形重要。

組織在風險溝通上所面臨的幾個困擾，如：無法充分了解該如何提供資訊予媒體、如何使媒體對所提供的風險訊息產生興趣和關心、記者對相關知識的侷限性使其無法充分了解訊息的內容。

我們愈來愈關心那些對我們生命安危與健康有關的風險訊息，因為我們這些社會大眾總是到問題已不可收拾才知道這些消息，從臭氧層的消失到最近的食品污染事件都是如此。

如果組織的行動被媒體或政府視為將危害到公眾健康，那麼及早展開技巧且誠信的溝通通常可以降低彼此間的認知差距。因此記者是否能及早徹底了解整個事件的全貌是透過媒體的風險溝通成功的關鍵。

若因為某些原因使得組織和媒體的溝通不夠密切甚至缺乏誠信，將使風險訊息的傳達錯誤、失真，甚至使媒體過度渲染，造成社會大眾的防禦心理與對立。

由於以下因素會使得媒體間的報導不一致，甚至對立：

1.報導對媒體本身有利的消息。
2.做不相干的比較或忽略潛在的風險。
3.使用專業術語。
4.採用與公信力對立或不適當的資訊來源。
5.採敵對姿態。

6.忽略公眾的意見。

媒體所報導的事件往往影響非常深遠。一般民眾在資訊不易獲得的情況之下，只好完全取信於媒體，因此企業在公布訊息時，除了對新聞性要有所了解之外，與記者保持良好的關係，甚至提供協助是很必要的。最後，如何去整合媒體關係與社區居民的關係，使得各方面的傷害減低到最小，也是本研究所關心的課題。

一個好的新聞性事件應具備哪些條件

1. 引人注意的：例如：衝突、幽默、驚奇……等等，尤其是高危險事件絕對比低危險事件更使人產生興趣。
2. 重要的：這事件的影響層面有多大？牽涉哪些重要的人物？
3. 具時效性：昨天的新聞必定比上個月的新聞更具新聞性，最好是新聞媒體爭相報導的獨家採訪。
4. 可接近性。
5. 祕密性。
6. 簡單的：簡單的事件對於未受過訓練的播報員、記者、讀者都是較容易接受與理解的，所以儘量把複雜的事件轉變成一些淺顯易懂的概念。
7. 客觀的：記者們對於一般人所認定的「事實」（truth）存疑，所以他們並不追求真實性，反而是事情的一體兩面才是他們所關切的。
8. 正確的：不要建構一些莫須有或不正確的資訊，造成大眾的誤導。
9. 具體的：事件需是最近發生且與公眾有關、有趣的或重要的、地方性且不尋常的。

而William C. Adam 亦指出「越危險越易登上頭條新聞」，正如

Peter Passel 在紐約時報所述「為了在安全和其他考慮因素間做一明智的選擇，國人需要更多且更好的資訊以做整體的考量」等云云，理所當然地，我們必須了解公眾在做選擇時所考慮者到底為何？進而傳達其所需資訊。

媒體是如何處理風險訊息的？若我們能預期記者如何和為何處理風險議題，我們也可以預知或減少因錯誤或不合宜的報導所產生的破壞。

一旦危險已經形成，媒體的任務就變成對事實的報導，而非教育或告知大眾未來的潛在風險。

簡言之，新聞媒體善於報導「變成危險甚至危機的風險」（如 Bhopal、Tylenol、Chernobyl、Dioxin 等事件）。

除了忽視風險而專注於報導和其負面影響外，記者特別重視嚴重且罕見的危險。且似乎在風險的規模和媒體應關注的程度上缺乏一致的認同，因此風險溝通者在和媒體打交道時必須了解以下三個左右媒體價值判斷的原則：

1.「少見的危險」的報導價值高於「常見的危險」。

2.「新的危險」的報導價值高於「曾出現的危險」。

3.「突如其來或神祕的危險」的報導價值高於「眾所周知的危險」。

如何幫助記者了解技術性的事件

1. 除非你知道這位記者對技術性的問題非常了解，否則應先假設記者們雖然機靈，但對技術性的問題是無知的。

2. 先了解哪些意見是重要的，再引導記者的思考。

3. 避免使用專業術語來解說。

4. 儘可能把內容簡化。

5. 預先設想記者們可能會提出的問題或可能會不清楚的概念並準備答案。

6. 提出書面資料。

7. 在解說中若記者有疑惑的表情，應再解釋一次，力求清楚。

8. 隨時確定記者對你的解說眞的了解。

9. 引用其他來源的意見來支持你的說法。

與媒體維持良好信賴關係的建議

1. 了解並尊重記者的工作。

2. 誠實：千萬別有意誤導媒體的報導，否則將永遠失去信用。

3. 正確：如果你對於所提供的資訊並不確定，千萬不要自己猜想答案，而應該告訴記者你不確定，但會盡力去找到正確的答案。

4. 避免使用極端性的陳述。

5. 避免過度小心翼翼，若任何問題皆以「後續的研究是必要的」，則反而對媒體幫助不大。

6. 對媒體報導有幫助的，譬如能隨傳隨到。

7. 避免隱藏祕密：應就你所知完全表達出來。

8. 儘量避免一些細節上的錯誤。

9. 提供自己的專業知識有助於建立信賴關係。

10. 儘量以個人的立場發表言論，尤其是描述悲劇的事件時。

11. 有活力、有效率。

12. 嚴以律己、寬以待人，當別人的訊息傳達錯誤，應力求解決之道代替一味的抱怨。

整合媒體與社區關係

如果媒體已採訪到對公司不利的消息，則應如何在媒體與社區之間調和彼此關係？

☞ **內部協調**

事先是否警告過媒體可能訪問到的內部員工？

☞ **後果**

是否想過事情曝光後會發生什麼事？

☞ **員工**

如何改變員工的想法，員工在面對外界的詢問時，應如何應對？

☞ **政府**

事情曝光後，如何說服政府官員為公司說話？

☞ **相關團體**

如環保團體，如何改變他們的想法？

☞ **居民**

是否該舉辦社區會議，解決居民的疑惑？

□ 與活動者（activist）共事的建議

1. 這地區之內有哪些活動者組織存在？
2. 有什麼地方性團體和國際性組織有關聯？
3. 我們是否應先主動去了解他們或是被動等待自己成為眾矢之的？
4. 公司是否曾經與他們接觸？結果如何？下一次應如何因應？
5. 公司內部的員工或附近居民是否與他們有關聯？
6. 過去公司是否曾經幫助他們或支持他們的活動？
7. 公司是否與這些活動者組織共同贊助社區活動，幫助居民建立

溝通的管道以及信任？

8.當活動者組織的箭頭完全指向公司時，公司是否還有其他的因
　應之道？

9.公司是否有第三團體（third party）的支持？

10.參加地區性的活動者組織會有利可圖嗎？

□ 顧問委員會的產生

顧問委員會所扮演的角色並不是解決所有的問題，而是扮演公司
與民眾之間整合的角色，它與其他團體不同之處在於：

1.提供開放的網路以發掘有興趣的人或社團加入。

2.委員會的三個主要的規則：

・委員會內部的任何事情皆可告知外人。

・委員會所發掘的任何事情皆可公開，如公司內部計畫。

・公司無權要求委員會對公司的運作有所保留。

3.公司出錢聘請顧問來幫助這個委員會組織。

4.以公司的經費登報，邀請民眾多多反映給委員會。

5.公司和居民互派代表與會，會中所有方案都不是事先設定的。

風險溝通之考核評估

□ 評估風險溝通的準則

隨著社會對風險溝通的日趨重視，學者也逐漸對有關「如何評估
風險溝通所傳達的訊息」的課題產生研究的興趣。這些研究檢視民主
社會中風險溝通的目的，並提出評估風險訊息的七個準則。這七個評
估準則主要是著眼於目標羣體對風險訊息的回應（response）方式或

態度，其內容如下：

☞ comprehension

目標羣體是否了解訊息的內容？

☞ agreement

目標羣體是否支持溝通內容中的方案？

☞ dose–response consistency

在同一危險事件中是否目標羣體面對的風險愈高其反應就愈強烈？

☞ hazard–response consistency

在面對不同的危險事件時是否目標羣體所面臨的風險愈高其反應就愈強烈？

☞ uniformity

目標羣體在面臨同等級的風險時是否有相同的回應？

☞ audience evaluation

目標羣體是否會判斷訊息的有益性和正確性等？

☞ types of communication failures

目標羣體是否能接受各種溝通失敗類型的後果？

Kasperson 與 Palmund（1989）也提出以下十項評估風險溝通的規範性（normative）準則，這些準則對於風險溝通及風險管理的評估具有良好的指引作用。

☞ 需求評價

風險溝通不只是以計畫主持人的假設爲主，更應該符合風險溝通參與者的意見。

☞ 風險的複雜性和多元化

風險是屬於多構面的，包含各方面的視界和不同的風險特徵，了解這點可以改善風險溝通的方法。

☞ **風險背景**

必須了解風險溝通過程的所有資訊，例如科技性的風險是一個複雜現象，包括不確定性或機率性等問題。

☞ **管理指南**

Fischhoff（1985）建議，風險管理者應擬定一個協定，將有關風險管理計畫的相關議題與公眾溝通。

☞ **時效性**

是指促使個人接受風險溝通之後能採取的有效行動，避免風險的發生，或者減少他的損失。

☞ **反覆的互動關係**

頻繁及持續的雙方資訊流動可以增加風險溝通的有效程度。

☞ **賦予權利**

增加風險管理計畫參與者的代表性。

☞ **信賴感**

成功的風險溝通主要是依賴資訊來源的可信度。

☞ **道德倫理的敏感程度**

若牽涉到收關倫理的議題時，一些防護措施及深思熟慮的想法都應該被考慮在內。

☞ **符合彈性**

一個好的風險溝通設計必須包括目標預期失敗的情形，在資訊的衝突中，可以增加過程的彈性。

□ 評估風險溝通時應考慮的問題

Kasperson 與 Palmlund（1989）指出，風險溝通的評估應考慮下列幾項問題：

☞ **目標的建立**

必須兼顧效率（efficiency）和效能（effectiveness）兩方面。

☞ **評估的角度**

包括組織的內部及外部。

☞ **時效性**

事前及事後的評估都是相當重要的。

☞ **評估者的訓練和監測**

為了讓評估者接受不同的計畫方案以及應有的績效，組織應加強這方面的技術。

☞ **個人在風險溝通的角色**

風險溝通是一種互動的過程，所以個人必須將自己的滿意程度回饋給評估者。

☞ **評估的界限**

必須以風險問題產生的影響範圍為劃分標準，例如 Chernobyl 事件是屬於跨國性的風險問題。

☞ **測量陷阱**

除了考慮計質性及計量性的情形之外，也必須從經驗中獲取有益實質研究的方法。

評估風險溝通時除了考慮以上幾項問題之外，其他方面如預算是否充裕，以及是否只對局部問題作選擇等課題也應加以注意（Allen, 1989）。

□ 簡單快速獲得回饋的方法

一個好的雙向溝通，除了將公司所欲表達的事情明白的告知外，也需考慮到聽眾對於此次溝通所接收到的反應為何，以下便是一個典型的會議評估表。

評估表

日期：_____　　　名稱：_____

會議的主題：_____

我們公司對您對這次會議的看法非常重視，煩請於離開前填寫以下表格：

1. 在這場會議中，您了解到什麼？
_____

2. 請以 5 點尺度來回答以下各題

(1)非常同意　　　(2)同意　　　(3)沒意見　　　(4)不同意　　　(5)非常不同意

a. 我心中所有的疑問都在這次會議中被解答了_____

b. 經由這次會議，我頗有所獲_____

c. 公司代表陳述事情的態度很誠懇_____

d. 公司代表並沒有處理我們關切的事情_____

e. 公司代表在這會議中解決了一些難題_____

f. 公司代表對於他們的行動計畫並不了解_____

g. 我認為公司會依據這次會議的結果來修正它的方向_____

h. 公司代表看起來頗有權威，能代表公司說話_____

i. 我在這個討論的主題中陷入兩難的困境_____

j. 此次會議時間的選定及其他議程安排均令人滿意_____

k. 我希望還有機會參加類似的會議_____

3. 在這次會議中最令我滿意之處為_____

4. 在這次會議中我最不喜歡之處_____

5. 如果有其他建議或疑問，請於空白處寫下您寶貴的意見

_____

_____

參考文獻

曹定人（1993）。環境管理與溝通，環境決策與管理㈠，622－636
　　頁。高雄：復文書局。

簡慧貞與阮國棟（1993）。風險溝通在環境管理上的應用，環境決策
　　與管理㈠，603－621頁。高雄：復文書局。

Allen, F. W.（1987）. The situation: What the public believes; How the
　　Experts See It. EPA Journal, 13, 9－12.

Allen, F. W.（1989）. The government as light house: A summary of
　　federal risk communication programs. In V. T. Covello, D. B. McCal-
　　lum, & M. T. Pavlova（Eds.）, Effective Risk Communication. New
　　York: Plenum Press.

Billie J . H., Caron, C., & Peter, M. S.（1990）. Industry Risk Communica-
　　tion Manual : Improving Dialogue With Communities.

Callaghan, J. D.（1989）. Reaching target audiences with risk informa-
　　tion. In V. T. Covello, D. B. McCallum, & M. T. Pavlova（Eds.）,
　　Effective Risk Communication. New York : Plenum Press.

Covello, V. T., Slovic, P., & von Winterfeldt, D.（1987）. Risk Com-
　　munication : A Review of the Literature. Washington D.C.: National
　　Science Foundation.

Daggett, C. J.（1989）. The role of risk communication in environmental
　　gridlock. In V. T. Covello, D. B. McCallum, & M. T. Pavlova（Eds.）,
　　Effective Risk Communication. New York : Plenum Press.

Fisher, A.（1991）. Risk Communication Challenge. Risk Analysis, 11, 173 – 179.

Hadden, S. G.（1989）. Institutional barriers to risk communication. Risk Analysis, 9, 301 – 308.

Hance, B., Chess, C., & Sandman, P.（1988）. Improving Dialog with Communication : A Short Guide for Government Risk Communication（Development of Environmental Protection）New Jersey : Trenton.

Kasperson, R. E. & Palmlund, I.（1989）. Evaluating risk communication. In V. T. Covello, D. B. McCallum, & M. T. Pavlova（Eds.）, Effective Risk Communication. New York : Plenum Press.

Kasperson, R. E.（1986）. Six propositions on public participation and their relevance for risk communication. Risk Analysis, 6, 275 – 281.

Keeney, R. L., & von Winterfeldt, D.（1986）. Improving risk communication. Risk Analysis, 6, 417 – 424.

Mason, J. O.（1989）. The federal role in risk communication and public education. In V. T. Covello, D. B. McCallum & M. T. Pavlova（Eds.）, Effective Risk Communication. New York: Plenum Press.

National Research Council（1989）. Improving Risk Communication. Washington D. C., U. S. National Academy Press, 1989.

Rayner, S., & Cantor, R.（1987）. How Fair is Safe Enough? Risk Analysis, 7, 3 – 9,

Slovic, P., Fischhoff, B., & Lichtenstein, S.（1979）. Rating the risks: The structure of expert and lay perceptions. Environment, 21, 14 – 20, 36 – 39.

Slovic, P., Fischhoff, B. and Lichtenstein. S.（1980）. Facts and fears:

Understanding perceived risk. In Social Risk Assessment: How Safe is Safe Enough, Plenum Press: New York,.pp.181 – 216.

Slovic, P., Fischhoff, B., & Lichtenstein, S.（1985）. Characterizing perceived risk. In R. Kates, C. Hohenemser, & J. Kasperson（eds.）, Perilous Progress: Managing the Hazards of Technology. Boulder: Westview Press, pp.99 – 125.

4

汪明生　朱斌妤

溝通理論與技巧

不能有效地溝通往往會產生衝突，並且阻礙衝突的有效管理。有能力做好溝通卻常常能減少衝突。當個人或團體身處衝突之中時，常常都是因為溝通不良的關係，是以有效的溝通是防止不必要衝突的第一步，而加強溝通則是處理衝突最先採行的策略。

　　有效溝通不僅是需有消息傳輸及接收的暢通管道，目前一般常用的方法僅將我們的想法或感覺傳達給對方，但在雙方關係緊繃的時候，如此做法反而會造成對方產生防衛抗拒之心態，而此時我們對他人想法或感覺所作出之反應，常會將彼此之關係導引到更糟糕的情形，切斷或阻絕了以後溝通的機會。

　　本章主要介紹溝通要件與如何改進溝通技巧，首先我們探討對方是以何種方式在和我們進行溝通，及我們如何才能聽到並了解別人在向我們說些什麼，然後我們再研討如何將自己的意思也讓對方聽到與了解，以上這些技巧也就是主動聆聽（active listening）及一致的表達（congruent）。

　　在運用這些技巧前，非常重要的一點就是要了解「什麼促使我們與他人進行溝通，及當我們覺得溝通不良時，究竟為什麼與他人起衝突」，其中許多溝通與衝突都與我們本身價值之認定有莫大的關係。

溝通要件

　　根據 Searle（1979）的「語論行為理論」（Speech Act Theory），人藉語言文字（含肢體語言）的內容反映以下三種心智態度：(1)信念、事實認定；(2)喜好、偏愛；與(3)承諾、保證行為傾向。也就是人經由溝通傳達自己的信念、價值觀與行為傾向。

　　根據傳播理論指出，溝通有六大要素，缺一不可（參見圖4.1）：

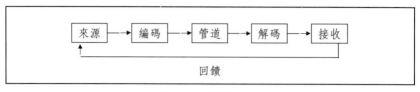

圖 4.1 順暢的溝通

☞ **來源（source）**

溝通傳播起始於人或組織，倘若溝通人（組織）有溝通障礙、偏見、誤解或別有用心，將會影響到溝通內容、方式與效果。

☞ **編碼（encode）**

溝通人（組織）將訊息轉換爲（肢體）語言、文字、圖片等符號的過程，稱之爲編碼。同樣的內容以不同的語言文字符碼表示，溝通效果亦可能不同。

☞ **管道（channel）**

溝通人（組織）透過不同傳播管道（如面對面、電話或信件等），將符碼傳達。不同的管道所能傳達訊息的質與量亦不同。

☞ **解碼（decode）**

接收者將符碼轉換爲訊息的過程。

☞ **接收者（receiver）**

不同接收者解讀傳播訊息會有不同，如接收者有障礙、成見或別有居心，亦可能曲解或誤解訊息來源之本意。

☞ **回饋（feedback）**

接收者對於訊息來源的相對回應。

除了以上六大溝通要件外，Robert Bolton（1987）在他所著的「人際溝通技巧」(People Skills)一書中列出溝通的十二個障礙。可分成三大種類：評判、提出解決方案以及迴避他人的關心（參見表 4.1）。

表 4.2 進一步解釋，爲何這些障礙帶來無效的溝通。

表 4.1　有效溝通的十二個障礙

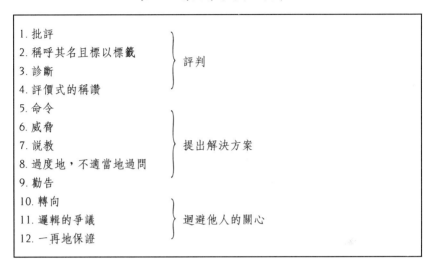

1. 批評	
2. 稱呼其名且標以標籤	評判
3. 診斷	
4. 評價式的稱讚	
5. 命令	
6. 威脅	
7. 說教	提出解決方案
8. 過度地，不適當地過問	
9. 勸告	
10. 轉向	
11. 邏輯的爭議	迴避他人的關心
12. 一再地保證	

溝通技巧

Hodgetts（1990）陳述良好溝通必須做到以下八點：

1. 檢討溝通的真正目的。

2. 通盤考慮問題的實質面與人性面。

3. 溝通前澄清重要觀念。

4. 有效處理溝通的障礙。

5. 提供足夠有用的資料。

6. 強調溝通為雙向進行。

7. 兼顧溝通內容與溝通技巧。

8. 追蹤溝通成效。

由於溝通包括以下三種層次，本節重點在於說明各類層次溝通的概念、相互關係與所需之溝通技巧：

表 4.2　溝通障礙帶來無效的溝通的原因

障礙	帶來無效溝通的理由
批評	不適當且極端的批評常會帶來防衛性或侵略性的反應。
命名與標上標籤	標上標籤使我們將他人放入自己製造的「盒子」裡，它會帶給我們與他人之間的障礙。結果經常會造成我們與他人之間的距離。
診斷	比標上標籤更嚴重的方式傷害溝通。
評價式的稱讚	無限制的稱讚往往流於虛偽與空洞，其結果往往是遭來厭惡。
命令	如果命令中帶著強迫，它將會遭至反抗和憤怒。
威脅	威脅和命令有同樣的反效果，但通常會更明顯。
說教	說教會製造許多問題，包括憤怒、增加憂慮，且會在溝通中產生炫耀。
過度或不適當的過問	過問在溝通中是不可避免而且有其價值的工具，但若過度的過問則會產生厭煩，以及人之間不必要的距離。
勸告	勸告有時是有價值的，但如果使用的不適當，它會破壞他人的自信心，或者無法加強他人解決問題能力。
轉向	轉向通常用來避免不愉快、不滿意，或者不舒服的情況。它會帶來一些緊張。
邏輯的爭議	邏輯是必需的，但當情緒高漲時，使用邏輯的爭議卻極為不適當，因為它會產生疏離感。
一再地保證	當需要提供些安慰時，一再地保證確是避免問題的方法。但在某些情況，一再被保證的人卻會感到沮喪。

☞ **内容層次**（the content level）

意指事實、資訊，或溝通的事情。

☞ **感覺層次**（the relation/feeling level）

意指人們對溝通訊息時所產生之感受。當對方表露出他能了解的想法與感受時，一般人將更能肯定自己想法或感覺自己為對方所了解。

☞ **價值層次**（the values level）

價值是我們評論事情或行為好壞、對或錯、道德或不道德、公平或不公平、公正或不公正的一種內在標準，而這些價值大都由我們所接受的訓練、經歷及自我反省中蘊育形成，因此，當世事與我們的價值認定不同時，我們常會有罪惡或失敗的感覺。這層溝通在於明白「人們究竟為了什麼在彼此溝通」。

□感受溝通技巧

回想最近一次別人要求你去做某件事情，你或許仍然對那件事情內容本身沒有太多意見，但你依然對別人叫你去做的態度感覺反感，感受層次主要講的就是這種感覺，也就是我感到受重視、被接受，或感覺舒坦，如果你想到曾多次為某些政策性問題與某人議論，而你仍然樂於與對方討論，你馬上就會發現其中原因是你和對方彼此都相互敬重對方，你知道爭論不會改變彼此間應有的相互尊重。

換言之，如果在溝通的關係／感受層次上注意相互尊重與信任，即不論雙方達成協議與否，均不會有不愉快的事情發生。相反的，如果彼此不能互重互信，那麼任何一件事物都會造成彼此關係之緊張。

關係／感受層次接納對方的溝通方法就是「接納對方的感受及其遭遇的事實」，如果僅認知其遭遇不能認同其感受，則係有條件的認同對方，如同告訴對方，我只接納部分的你，或者是我喜歡當你沒有意見的時候，就像是你只喜歡對方，但不包括他的手或腳一樣，人都是天生有手有腳的，感覺亦是。

因此當人們表達出他的感受但未被認同時，一般的反應都會是強烈地表示其感受，以證明他為何會有此種感覺或藉此告訴自己這樣的感覺並無不可。如人們在表達他的感覺而受到別人認同時，上述的這種感覺就比較緩和也比較少攻擊性，亦比較坦誠，一旦感覺得以表

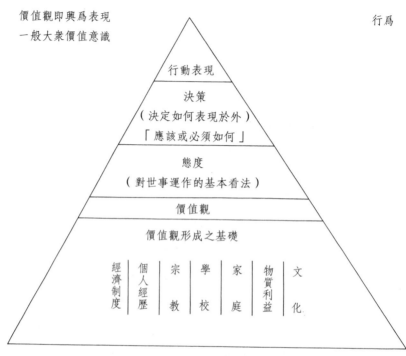

價值觀即興爲表現　　　　　　　　　　　　　　　行爲
一般大衆價值意識

行動表現

決策
（決定如何表現於外）
「應該或必須如何」

態度
（對世事運作的基本看法）

價值觀

價值觀形成之基礎

經濟制度｜個人經歷｜宗教｜學校｜家庭｜物質利益｜文化

圖 4.2　價值體系與行爲

白，其他的感受亦會源源流露。

　　然而感受認同（acceptance）與贊同（agreement）兩者是不一樣的。你可以說「我已了解你對那件事的種種感受」來表示你的認同，但如果說你贊同時，那你的表示應當是這樣的：「你講的完全正確，我也有同感」。前面第一句表示你接納別人的感受，但如果是贊同，則是你完全與他一致，當我們眞要與人溝通，事實上應可以說：「你有如此的想法及感受，我覺得並沒有什麼不對」。

□ 價值的重要性

　　圖 4.2 顯示出價值觀受到個人經驗、家庭、學校、文化等因素所影響，而個人的價值觀直接影響其態度、決策與行爲。然而價值判斷

常隱含在人們的言行中而不是很明顯的表現出來，就有如「母性」給予人們的一種難以抗拒的眞理或信念，它牢牢的規範了我們的生活。美國獨立宣言作者以「我認爲這些眞理是不證自明的」的名言，以引證人們最基本的價值感就是生命、自由，及追求幸福。

另如秩序、舒適、控制、平等、安全、自由等等，均是一種價值觀。有些價值觀是非常基本的，而有一些則是由基本價值觀衍生而來。例如言論自由或法律前人人平等均是一種價值觀，且爲個人自由的必要條件，而個人自由是人們最基本的一個信念。

人與人之間的關係、人與自然界的關係及人與時間的關係產生出各種不同的價值認定，以土地開發利用及自然資源爲例，人與自然間關係的價值認定就有所不同。有主張自然界應比人優先考量者，亦有主張人之存在就是要好好利用開發自然資源，另則有許多人希望避免以上兩種極端，而認爲人與自然資源平衡發展，每個人的價值觀很難會是完全相同的。

在感受問題上我們遇到困難的一種現象就是當他人與自己感受不同時，常以爲不同者間一定有一個是對的，另一個是錯的。由另一觀點來說，在同樣情況下個人依據其背景（訓練、經歷、價值）之不同而就會有不同的反應。因爲成長、訓練、經歷，及價值等每人往往不同，感受之反應亦不會相同，即使我們全都有相同的背景，而通常都能在某些事情上有同樣反應，但絕對不可能所有的想法都一致的。或許你曾試圖去改變別人的感受且想證明只有自己的是對的，事實上這樣的作法是沒用的，別人依然還是有他的看法，最妥當的作法是接受別人的感受，同時將自己的也告訴對方，你們或許有不同的體認，但可學著去分享彼此的感受，進而去了解他人感受，由此相互分享經驗、認同及了解之過程，可改變個人價值感，將拉近彼此差異。

□ 確認討論中的價值判斷

以下面一個例子分析溝通的三種不同層次：

民眾反應：「你無權將這條路封閉不讓車輛通行，我們與其他的人一樣都是納稅人，沒有我們繳稅，你也就不能在這對我們胡作非爲。」

內容：反對道路封閉，認爲此項措施是對其他公民權利的侵害。

感覺：憤怒、迫害、沮喪。

價值：人身自由權、公民平等權、對政府之反感厭惡。

由以上民眾反應所顯示的價值觀是不明確的，欲判斷分析民眾所表達的價值觀，可利用以下三種方法：

☞ **從具價值感用語的文詞**

例如使用「凍結土地開發」、「犯罪猖獗」、「權力與官僚」等詞語。

☞ **從引用的典故**

例如引用聖經、憲法、名人言行、政府規章來證明其申論。

☞ **從預言不好的後果**

人們將推論某些行動將導致「小型企業倒閉」、「不敢在都市街道夜行」。

□ 政策與公眾價值

決策往往是價值間的選擇，在基本決策前是許多價值間之比較，雖然每一個價值都可能是好的，然而必須視情況選擇一個好處相對較

大者來考慮，例如在考慮管制色情文書刊行問題時，其中涉及個人自由、新聞自由，及公眾福祉等兩相對立價值之認定，沒人能說上述之價值觀是不對的，問題是何者應作較大之考量。

是以政策必須考量各種情況，衡諸不同價值認定所採取的一種平衡，也就是比較各政策，判斷在相同情況下各個價值之相對重要性。而每一項政策之決定是不同正面價值間之一種平衡選擇，也反映了該項政策對不同價值之優劣比較與重要性程度。

大多數政治學者贊同一項決策應能從政策性的考量到各種不同利益團體（interest groups）的福祉成本，即使決策不是經由政治運作而以行政手段為之亦可。這裡的利益可能是直接經濟利益或使用者利益，亦可能是一項決策執行的間接受益者，民眾全憑他的價值感及有無好處來評斷你的政策是帶給民眾福祉或負擔，在相互排斥的價值觀念中選擇出一種政策能彙集大多數人士一項非常重大的政治性作為，也是因為如此，政策決定時需要民眾一起參與。然而其中有以下三方面的考慮：

☞ **價值觀的個人特性**

每個人在選擇平衡點時各有不同，由於價值觀並非明顯意見，人們常會對不同的決策產生爭論，當彼此看法差距很大時，爭論時常有過於情緒化或不合理性的表現，如此將造成對方不能明確了解爭議的重點。

價值觀是非常個人化的問題，每個人都擁有其本身的「個人價值感」，也就是每個人根據自己的感覺體會對事務所產生之反感，與他人或許會有部分相同，然而通常不可能完全一樣。

價值觀是造就個人價值感的主要因素，也因此使某些行為或事情顯得有意義，我們依據價值觀衡量事務或行為，判斷是非、公允，而這些使我們與事務產生個人關聯，進而使我們產生喜、怒、憤怒、愉

快、厭煩等感覺，而這種種感覺全然來自我們以往所受之訓練、經驗，及自我檢討所產生的價值感，且每人各自不同。

除了不同的價值觀，人們在面對生活中許多情況時，常需在重要性及衝突性間擇取一平衡點。在人際關係方面，我們常會有誠實、唯利，或情感等價值間之矛盾，因此溝通者不僅需找出自己的價值判斷，並需在有關相對重要性價值間選擇一最有利之立場。

☞ **公衆如何表達其價值觀**

政府如何獲得公衆之意見對政策產生很大的影響，民衆常常是在個人價值受到漠視後才採取反應行動，而這些反應之意見多半是一般性或情緒性，雖然它們都是民衆希望政府採信之價值的寶貴資訊，但內容常嫌不夠具體，而有些團體卻能將其意見以具體方案向政府提出。然而，此現象則造成政府重視利益的資訊而忽略了民衆的反應。

期望與民衆有效溝通，必能了解民衆支持的價值觀是什麼，而不是僅僅曉得民衆不希望實施那些措施，在溝通時一定要能同樣接納一般民衆情緒性的訊息，並視爲判斷人民價值認知的寶貴資訊，否則必將形成偏見，致使民衆參與範疇侷限於一般有組織的利益團體。

☞ **政府的價值觀**

一般民衆的意見被政府視爲情緒化或不理性的一個理由，是因它與政府政策背後之價值意識相衝突，如果大家能詳細觀察政府機關各項基本政策，相信一定能發現支持那些政策的價值觀。例如，你是自然資源管理機關的一名職員，政府施行「多用途」政策，此政策潛藏之價值認定是獎勵對多數人提供最大的效益。因此此項政策將使你對某些特定利益申請案發生懷疑，且對僅可提供一種用途之企劃案不予考慮，但是民衆是從不同價值觀點來議論，也就會顯得過於情緒化或非理性，處於此種情況，有時你亦可能會表現出同樣的態度。

□ 象徵的問題

表達感受的方式常常也是造成溝通困難的原因之一，由於文化習慣的禁忌，使我們表達感覺多所顧慮，如有人充分表達出他個人感覺，則會讓人認為過於激動或神經質、不理性，或瘋了，人們大多以隱喻的間接方式表達本身感覺，除非有人對你有信心或視你為朋友，否則你可能知道對方的感覺均是含蓄的暗示的方式。

含蓄暗喻的溝通方式其中一種特性就是人們會提出一些象徵性問題，這些象徵性問題有如風向球，大都是些不很嚴重的問題，如果提出來不被排拒，則將導引較多基本或深切的問題出來共同分享。例如辦公室有某人對他某位同事有點不滿，而前些天你都未予留意，不過你今天終於坐下來聽那人抱怨：

> 那位老兄老是做些讓人討厭的事，不僅他，似乎最近很多人都是，或許是因為家裡發生的事讓我太敏感，這週以來事情愈來愈糟，我已睡沙發睡了一個星期，我感到很沮喪，不知道要如何做，所有事情都不對勁。

這是一個標準漸近溝通模式的例子，當有人願意聆聽時，就可由象徵性問題談到內心較深入的感受，不過傳統式溝通技巧並不鼓勵我們如此坦誠。

□ 主動認真聆聽（active listening）的作法

衝突管理者的基本技巧——聽比說更重要

聆聽的技巧即是最基本的，主動的聆聽更是有用的，因為它意含

聆聽不是被動的。主動的聆聽包括：參與及追蹤的技巧，以及回應的技巧。

☞ **用言詞表達對訴說人之遭遇與感受的了解**

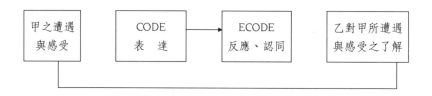

例：甲：「這個計畫真是糟透了，我簡直不想幹了」。

　　　乙：「你好像對那個計畫感到很失望」。

‧表示了解對方之處境及感受可取得對方之好感。

‧對方願意更進一步與你研討問題，並由研討中找出解決方案。

‧若於回應時能掌握對方的意思，可糾正對方情緒性之言詞偏差，以建立對對方正確之了解。

☞ **回應對方陳述之技巧**

‧如果對所談之問題及對方之立場與背景，你自認能掌握，可以將你的了解與認知表達讓對方知道，但應注意對方對你的說法是否贊同，以確認你的認知是否正確。

‧對方的意思不能確定時，應再問清楚，以免誤解或引起反應。

‧可由語調推斷對方意思。

‧已有明確答案之問題，則對問題提出之真正意向，應妥慎推估。

反之，無效的聆聽（ineffective listening）最常見的現象有兩種：

1.未能及時分辨出對方僅是希望你能了解他說的事情，並未寄望你採取任何動。

2.未能耐心聽完他人述說以致對他人訴求主題產生誤解。

　　例：甲：「我感到非常絕望，我真不知道要怎麼做」。

　　　　乙：「不要這樣想，我們一定能解決問題的」。

　　乙的回答帶給甲的感受可能是「你不應該有這種感覺」，所以對甲而言，乙的回答將可能代表以下的意義：

　　・不要有這種感覺。

　　・你最好不要再有這種想法。

　　・如果這麼想，你是不對的。

　　・就這些事實看，你不該有這種想法。

　　・已有解決辦法了，你不應再有這種想法。

　　・如果你有這種想法，你就錯了。

　　・你不必有這種想法。

　　・我不同意你有這種想法。

　　・這就是你有這種想法的原因。

　　・你真能證明你有這種想法嗎？

　　・你的這種想法不值得討論。

　　・如果你堅持要有這種想法，你真愚蠢。

　　如果甲感受到以上其中一種訊息，將可能變得保守而封口或者是以更激烈的方式來驗證自己的看法。

□一致適切之回應（congruent sending）

　　溝通時，易導致對方排拒的三種回應方式有：

1.以提供處理辦法、建議，與忠告來代替回應者應有之真正感受，這樣的作法可能使對方認為你自認優越，高人一等，或輕蔑他人能力，而引起反感，以致產生更多的問題。

2.以評審、責難、批評之話語回應。自我防衛心態造成溝通困

難，如此一來將造成上、下階級對立心態產生，引發反抗情緒，同時「自以為是」之主觀心態引起反感。

3. 以特殊語調、諷刺或不相關之言語、問語，或託詞，會使對方不能了解你的意向、產生誤導，以致問題不能溝通。

正確的回應應該是直接、坦白、有限批評與自我的。這裡所說的一致適切回應之作法包括：

1. 誠實表達自己的感覺，而非表達對他人或事物之批判。

2. 用字遣詞表達感覺時，應就自己之感受有感而發。

優：「我覺得不舒服」。

劣：「你的香煙讓我覺得不舒服」。

3. 就事實說明你的感受而非對行為批判。

優：「香煙的味道讓我覺得不舒服」。

劣：「滿屋子到處都是香煙味道，讓我聞得不舒服」。

其他控制原則

□ 管理我們自己的情緒

在衝突中情緒是很難控制的，以下有一些控制情緒的指導原則：

1. 如果你正經歷嚴重的情緒反應，給你自己一個機會釋放出你的情緒。例如，喝一杯茶或咖啡、散散步、深呼吸、聽一些輕鬆的音樂。

2. 和朋友、同事或家人談談有關你的情緒。

3.花一點時間專注在情緒上，想一想這情緒從何而來，以及爲何會發生。

4.當你在衝突中與他人溝通你的感覺時，不要將他們當作代罪羔羊。避免將你的情緒投射在他們身上，懲罰他們。

□ 處理他人的情緒

除了控制自己的情緒以外，更要能處理他人的情緒。

1.聆聽別人表達他的情緒。

2.尊重他人。在衝突中，我們常會不尊重他人，即使試圖隱藏，但卻從身體語言中流露出來。

3.不要採取報復行動，即使這似乎在整個過程中是很自然的事。報復只會使衝突升高。

4.當他人能將他自己情緒表達清楚時，你也可表達你自己的感覺與目標。在你適當地說出在管理衝突中意欲完成的目標後，這對將衝突帶回實際的問題上有極大的助益。

□ 維護權益的方法

維護權益是一種能力，能在一種無防衛、無威脅的情況下，清楚地溝通出自己的意見、需求、利益、感情。

我們能避免衝突（越過），具侵略性（打鬥），或者屈服（順從），有時我們會合併這些反應。「維護權益」是一種反應，它能幫助我們打破既有的反應模式，它創造了反應的「四度空間」，使我們的反應變成了四方形：

打　　鬥	維護權益
越　　過	順　　從

傾向於「順從」的人會發現他們自己常被利用，甚至成爲代罪羔羊，他們經常傾向於輕視自己。順從的人易於逃避衝突和責任，他們尋找那些可以保護他們，又受制於他們的人。

傾於「越過」的人，逃避衝突的情況，這可能是最壞的反應，因爲他們否定責任。當這些人有相當的自由時，他們往往有困難維護自己的權益，或者爲自己獲得有意義的目標。

「侵略性」的人傾向於不尊重他人的權益，且經常引起他人恐懼、無助和憤怒的情緒。侵略性常來自於軟弱而非堅強，他們常能成爲自己的目標，並且控制他們周圍的人。

「維護權益」的人傾向於尊重他人和自己的權利，他們較有憂慮，易於控制自己而不需控制別人。維護權益意指在處理衝突上較開放，這需要許多的能力、技巧和耐性。

維護權益的過程包括五個步驟：

☞ **準備**

想一想你的目標是什麼。如果你有時間，寫下你所要說的話，並且，排練一次。再者審核一下你所要說的話是否會影響你和他人的關係。最後選擇適當的時間和地點。

☞ **傳達維護權益的訊息**

是最重要的部分，共分三點：

· 正確地敍述所要討論的主題行爲或情況。

· 正確地敍述你的感覺。

· 正確地敍述它所帶給你的結果。

☞ **聆聽**

在你傳達維護權益的訊息之後，停下來並且聆聽！使用本章提過的聆聽技巧：參與、追蹤，且回應。這是必要的，因爲它可以讓他人提供可行的解決方案。

☞ **重複步驟**

重複前兩個步驟。

☞ **策略方案**

策略可選擇的方案、解決方案。

在許多的情況，回應者不一定會有防衛性的行為，他們可能會建議具有建設性的策略、可選擇的方案，和解決方案來解決問題。傳達維護權益的訊息可讓他人會有積極的反應，這會更加強彼此的關係而不會傷害這種關係。在維護權益方面，讓回應者具領導地位不失為一良好政策，這樣會讓他們感到安全。

「策略」是完成目標的計畫，「可選擇的方案」是在單項或多項解決方案之間做一個抉擇，「解決方案」是期望解決事情的行動。根據問題的複雜或簡單來決定哪一種方案。

5

汪明生　朱斌妤

資料蒐集——衝突分析

資料蒐集與衝突分析使我們能夠了解誰是衝突中的關係人、存在他們之間，過去和現在有什麼關係、什麼樣的實質的、程序的或情感的利益使他們分離。也就是透過資料的蒐集與衝突分析以確定衝突的成份、程序，進一步解釋其間的因果關係。

透過資料蒐集及衝突分析，我們希望增進理性衝突處理之可能性。因為多數的關係人、社團及組織間的爭議是極端複雜的，且未建立制度化決策程序，在完成任何衝突管理努力，或是選擇一個特定的衝突策略以前，去描畫一個真實或潛在的衝突構圖是很重要的。

實質上，無論你是一位沒有關係的衝突管理第三者，或是一位爭議的主要當事人，詳細的資料蒐集與謹慎的分析是重要的。因為經由資料的蒐集與分析，個人或團體可致力於：

1. 發展一個適合特定情況及所有人需求的衝突管理計畫或策略。
2. 避免跳入一個衝突程度已經達到不適合解決或管理的爭議中。
3. 使用正確的資訊為基礎，避免由於溝通不良、非理性或不重要的資料所引起不必要衝突。理想的資訊與資料是所有的關係人所共享的。因此，每一個人皆應獲得相同的實際上的資料。
4. 澄清每個爭論點是最重要的。
5. 確認各關鍵人物及他們的互動關係。

資料蒐集內容

有用的正確的資料蒐集受以下五個因素所影響：

1. 適當的背景資訊與分析架構。
2. 合適的資料蒐集方法。
3. 以合適的人來做面談。
4. 一個進入爭議的策略，即是面談者或衝突管理者用以與被面談

者建立關係與互信的方法。

5.能促進有效回應的合適問題與一些面談技巧。

由於衝突皆包含特定的人、清楚的及不清楚的爭論點、競爭的利益及相對可預測的發展動態。這四點產生一個共通的架構，它對於分析有關爭議的各種問題是有用的。以下利用人、關係與實質內容等三方向來說明資料蒐集時應注意哪些重點。

□ 人

在人的部分，應考慮以下影響因素，包括：

利益（或衝突）團體與個人（stakeholder）

☞ 主要的利益（或衝突）團體

・誰是主要的利益團體？

・這些團體中哪些已進入衝突中？

・為什麼他們被包含在內？

・其他還有哪些主要團體在爭論中有利益可得？

☞ 次級團體

・在問題上哪些團體有次要的利害關係？

・在特定爭論點之外，哪些其他團體可能會被捲入，理由何在？

☞ 個人

・誰是每一個主要團體中的主要發言人？

・這些在他們團體中之代表人是什麼地位？

・其他還有哪些個人已經公然地認同這爭論點？

・誰是出意見的人？

・在參與者中誰有主要的影響力？

・當衝突擴大時誰可能獲得利益？

・藉著升高衝突，誰將有收穫？

・誰是有決策責任的官員？

☞ **團體性質**

・在團體的組織內如何做決策？

・有多少內部的協議，其結合的結果如何？

價值（value）——使一個人願意去做的有強烈影響的信念

1. 支撐每位關係人爭論點的主要價值標準是什麼？（成長對不成長，資本主義及私人的利益對公眾福祉，複雜對簡單的科技解決方法，短期的對長期的解決方法）

2. 有主要的意識型態的、文化的、宗教的不同嗎？

3. 有個人或團體的價值或意識型態的特定爭論點嗎？

利益(interest)——關心與需求，必須以令人滿意的方式解決

1. 為什麼是引導每一位關係人的主要利益？

2. 每一位關係人利益的不同點如何？相同點如何？

3. 解決方式可以建立的共同利益是什麼？

資訊（information）

1. 為什麼是關係人所信賴的資訊來源？

2. 這些資訊是相同的或是矛盾的？

3. 哪些資訊來源是所有關係人重視的？

權力的來源（sources of power）

用以下六種權力的來源來分析每一關係人擁有的權力來源為何？

1. 權威。

2.人力資源。

3.技能與知識。

4.無形的因素。

5.物理資源。

6.經許可的（批准的）。

態度——心智（意志）的態度（attitude）

1.對於爭論點，什麼是當事人一般的態度？

2.對其他關係人有敵意嗎？

3.對於爭論點，他們的期望是什麼？

4.對於其他的關係人，他們的期望是什麼？

5.對於解決問題，他們的期望是什麼？

6.對於爭論點與關係人，還有什麼其他的態度出現？

7.對於談判關係人的態度是什麼？

知覺（perceptions）

1.關係人彼此有怎樣的知覺？

2.關係人對其他關係人的看法是否與局外人相同，是否也期望對
   方有相同的做法？

3.是否一邊的人覺得他們是劣勢者？

4.是否雙方都意識到這是一場衝突？

5.是否關係人認為彼此在爭議的參與是合法的？

6.是否一方認為另一方是不盡責的、無情的、貪心的與愚蠢的？

7.是否關係人已認同誰是另一邊的？

8.是否關係人的觀點是實體上的一致或不同利益的結合？

9.爭論點看起來是一個獨立事件或是一個大衝突的一部分？

10. 是否關係人理解這場衝突是實際的或不實際的？

11. 關係人是否了解另一方談判限制如何？

動機（motivations）

1. 關係人的動機是什麼？

2. 關係人是受現實非現實的標的及期望所激發的嗎？

3. 過去的抱怨扮演什麼角色？

4. 關係人是被復仇所激發的嗎？

5. 關係人害怕扮演什麼角色？（改變者、新來者、失去個人地位、失去物資財物等）

6. 希望是一個因素嗎？

7. 致力扮演怎樣的角色？

8. 物欲與（或）貪心如何影響關係人的行為？

9. 欲望如何使團體與個人捲入衝突中？

10. 欲望如何控制或影響衝突中人們的參與？

11. 領導者的利益影響團體的動機嗎？

12. 生活中各種需求的重要性如何？

型態（style）

1. 衝突中各種角色的個人或團體的假設為何？

2. 個人或團體關係人的型態、特性為何？（防禦的、報復的、侵略的、剝蝕性的、被動的、好奇的、誠摯的、使之為難困惑的）

3. 型態對當時行為有何影響？

4. 基本型態是導致個人報復的行為或趨向解決一般性的問題？

□ 關係

在每一組關係人間的關係分析，應著重以下方面：

歷史（history）

☞ **權力**

· 關係人有哪些潛在類型？

· 關係人曾實際採用哪些權力類型來對付其他人，如何做？

· 關係人是否運用強迫的權力對付其他人？

· 權力的運用是否已引起怨恨？

· 由於權力的運用是否引起許多花費？

☞ **溝通**

· 各團體使用哪些內部溝通類型？（頻率、型式、障礙、技巧……、資源）

· 團體間採用哪些溝通的類型？（頻率、……、資源）

· 關係團體的成員是否已經與另一關係團體的成員在其他事有接觸？

· 公開的聲明是否使地位更形穩固？

· 關係人之間的溝通是否有一致性的默契或已經改變？

☞ **意識（awareness）**

· 關係人是否已意識到衝突的存在？

· 關係人已意識到衝突的存在有多久了？

· 他們如何意識到衝突的存在？

· 關係人是否已有避免衝突或假裝它已不存在的趨勢？

· 哪些關係人已意識到或未曾意識到（否認存在）衝突問題？

☞ 談判（negotiations）與其他決策的程序

· 怎樣的談判或其他的決策程序曾被用過？

· 這些程序的成果為何？

· 是否所有的關係人都包含在內？

· 關係人是否已企圖用表面的改善來掩飾真正的衝突？

現在的狀態（current situation）

☞ 權力（相關的）

· 怎樣的權力形式是各關係人用來互相對抗，是如何做的？

· 是否有關係人運用強迫的權力來對待人？

· 關係人是否正確地評估用強迫方式的花費？

· 對於爭論點各層次（地方、省、中央），官方的意見的最近處
理方式為何？

☞ 溝通

· 各關係團體內使用怎樣的內部溝通類型？（頻率、形式、障
礙、技巧、資源）

· 各關係媒體使用怎樣的溝通類型？

· 關係人之問題有適當的溝通以增進對地位與認知的了解嗎？

· 關係人間的溝通只是透過新聞媒體嗎？

· 律師在溝通上有怎樣的效力？

☞ 意識

· 關係人意識衝突的存在到什麼程度？

· 其他社團（區）成員意識到爭議點嗎？

☞ 談判

· 關係人之間是否正在進行談判？

· 何種的談判正在舉行？（正式或非正式的）

・談判是關於核心或周邊的爭議點？

趨勢（trends）

☞ 權力

・權力的關係正在改變嗎？假如是，如何改變？

・權力正轉變取代衝突的標的嗎？

・權力的移換是趨於更極端或更溫和？

・政府更高階層可能涉入嗎？

☞ 溝通

・在關係人間怎樣的溝通過程正在進行？

・趨勢正朝向地位的尖銳化嗎？

☞ 意識

・意識正導致危機的感覺及增加衝突強度嗎？

☞ 談判（negotiation）

・雙方正趨向有效力的談判嗎？

大體上的評估（general assessment）

1. 在溝通上怎樣的改變使得加入或改善談判是必須的？

2. 在權力運用上怎樣的改變使得開始或改善談判是必須的？

3. 怎樣的行動促成永久或暫時的解決？

4. 在採用不屬於對方的衝突管理程序時，各關係人有什麼風險？

5. 要協助關係人將解決方法與問題結合在一起，怎樣的介入是必須的？

□ 實質內容（substance）

在衝突實質內容資料蒐集方面，應著重：

核心的爭議點（main issues）

1. 每一位關係人如何描述中心議題？

2. 中心議題如何隨著時間轉換？

3. 中心議題有可能成爲一個案件的判例嗎？

4. 關係人同意什麼是中心議題嗎？

5. 關係人以相同的方式界定爭議點嗎？

次要的爭議點（secondary issues）

1. 除了中心議題外，什麼樣的其他爭議點可能影響結果？

2. 局外人帶入新爭議點，與擴大爭議點嗎？

3. 爭議點的重要性正受到挑戰嗎？

可有的選擇

1. 選擇或方案已經發展了嗎？

2. 是否有關係人覺得沒有任何選擇或方案可以滿足他們的利益、需求或關心的事？

3. 選擇或方案使所有的關係人所關心的事與利益趨於一致嗎？

4. 選擇或方案簡單而可實行嗎？

5. 選擇或方案能細分爲更小、更多的管理單位嗎？

6. 是否有選擇或方案是關係人可能考慮，但是不能公開的嗎？

事件

1. 是否有某些事件已顯示公衆有衝突存在嗎？

2. 是否有某些事件未被公衆所知但卻顯示關係人有衝突存在嗎？

3. 是否有某一事件足以觸發衝突嗎？

因為衝突是有實質內容（substantive）爭議點的混合體，個人的因素與最近及過去的關係，真相的發現與後來的衝突管理策略等必須涵蓋這些範疇。許多人傾向認為環境或社區爭議的解決全然基於「技術上的準則將終止衝突」，然而事實上不是如此。雖然技術上的問題是重要的，但這些不會是持續衝突的唯一因素。例如，關係人物可能有互相可接受的標的，與可能達成它們的方法，但由於不良的溝通，他們可能發展出彼此錯誤的概念，進而將他們推入彼此敵對的形勢。

全然基於技術的解決程序，在許多案例中將是不會成功的。因為往往真正爭議的原因未被提出來。這些未被解決的問題於不久的將來亦可能產生另外的衝突。強調技術的解決方法可能隱瞞對抗的利益，而這些往往是衝突的根源。

選擇合適的資料蒐集方法

資料蒐集可用幾種程序進行：直接觀察法（direct observation）、次級的資料來源（secondary sources），以及面談（interview）。這些程序可單獨或合併使用，以對衝突提供更精確與更完整的資訊。

□ 直接觀察法

直接觀察法指實際觀察爭論者，可以參加及觀察一個公開的會議，拜訪案例發展中的現場，參加合作計畫的公司簡報以取得在衝突中各關係人如何反應與互動之第一手資訊。個人之資料蒐集可以與立場分開，成為一個客觀的觀察者、與爭論者有一些直接關係者，或可當作一個參與觀察者而有高程度的互動關係。

一個觀察者尋求什麼呢？觀察的標的隨爭議的變化而有所不同，

但是焦點都在個人的行為或團體間之交互作用。在三個層次中，衝突管理應注意個人的行為——演講、非語言上的溝通，與說明衝突之個人方面的互動模式。從觀察中，我們經常可以確定社會的階級、狀態、權力與影響力的關係，溝通的模式與團體規範將影響衝突的行為。

□次級的資料來源

次級的來源是提供有關爭議的資訊題材，但不是直接的觀察或面談。有幫助的次級來源包含：開會的會議記錄、地圖、組織或政府的報告、報紙或雜誌的文章、錄音帶式錄影帶的開會介紹、對爭議點的研究或人們捲入爭議的調查報告等。

□面談

面談是一種面對面溝通的程序，最少有兩個人來對核心目的交換資訊，它包含提問題與對回答仔細地聆聽。有兩種類型的面談對衝突管理可能有用：資料蒐集面談與有說服力的面談。第一類型是用以蒐集相關的資訊；第二種是去說服爭論者達到合意的特別程序或結果。在此討論的焦點是放在第一種類型。

資料蒐集的面談（collection interviews）

資料蒐集面談通常是在衝突管理初期的作法，由公平的第二者進行，或當作爭論者之衝突策略的一部分。在資料蒐集時，調查員主要的目的是蒐集資訊但不直接影響到衝突中的人。資料蒐集面談有幾個主要的目標。首先，面談者想要蒐集人、爭議點，及爭議動態的資訊以對衝突有所了解。第二，他或她希望這些資訊是正確的、簡明的、完整的且有深度。最後，面談者希望能確定所有聽到的見解。

這種面談的另一個目的是介紹爭議者給潛在的衝突管理者。在面談者與被面談者（個人或組織）間建立和諧與信用能被受面談者接受。本章末段蒐集討論信用度的建立。

蒐集資料面談的第三個目的爲可以交換有關衝突管理程序的資訊。將來可能從事於衝突管理活動的面談者可以用面談來描述程序，他也正可以此來管理衝突或請求被面談者提供程序上的建議。衝突管理程序之對話可能是合作解決問題的第一步驟。

爲準備面談蒐集資料

1. 對衝突作初步之研究：人（民衆），關係的發展和實質的結果。
2. 界定面談之標的——合適的人。
3. 確認從接受面談者處需要得到些什麼資訊。
4. 決定面談之方式。
5. 決定詢問問題之用詞。
6. 設計策略以進入主題和建立信用性。
7. 決定舉行面談之地點和時間。

□ 爲準備面談蒐集資料之過程

初步研究

1. 面談者必須熟悉前面提到有關衝突問題之分析，得到必需的一般資訊。
2. 透過任何次要的來源蒐集相關的資訊。

選擇合適的人來進行面談

包括以下三種方式，三者混合使用，可集合有效之面談者：

☞ 以其職位（the positional approach）來決定

假設占重要職位的主管有權處理衝突。

☞ 以其聲望（the reputational approach）來決定

是核心人物就應受邀訪談。

☞ 以其作決策（decision–making approach）之權力來決定

檢視以往之情況下，在某一組織或階層誰有權作決策式影響決策？

設計面談的合適順序

1.先面談次要的本體（包括非直接利害關係人）。

2.獲得對衝突問題更正確的描述。

3.確認以後之受訪者。

4.執行問卷技術。

5.從核心人物獲得有價值之資訊。

順序上之考慮：

1.在爭議事件中誰最有權力與影響力？

2.誰不會因未受面談或不是第一個接受面談者而引起憤怒。

3.某個人接受面談之前，是否會影響其他人面談工作之進行或是偏見，而妨礙其他資料之蒐集？

4.能影響本體之其他成員。

5.某個人提早參加面談，藉由其合作可誘導其他人之參與。

6.誰是談論這個問題之最可能人選？預知受訪者，也許可以使面談者避免不必要之錯誤。

決定需要從面談得到那些資訊

面談之優點：

1. 可以不必經由一般會議，而透過重要人員之面談，得到重要的觀點。

2. 易於過濾異常和不相關的資訊。

3. 能在短時間內獲得有助於了解的資訊。

主要缺點有：

1. 易受主持面談者偏見而影響資訊之獲得。

2. 可能由於面談者所問問題太狹窄，而致喪失有用之資訊。

3. 面談者對衝突之主觀看法取代參與者之觀念。

4. 面談者受時間或其他條件之限制無法傾聽受訪者之意見。

主持面談者必須仔細地決定什麼是他（她）所需要知道的，然後設計面談之型式，以達成目標。

採用公道面談之型式（the interview format）

	附屬分類	面談者之角色	問題
結構化	計畫型	高度的指引	時間特定
非結構	計畫型	適度的指引	(1)一般性所特定 (2)傾聽
開放式		低度的指引和 更多的傾聽	(1)一般性 (2)傾聽

面談有以下幾種類型，其特性說明如下：

☞ **計畫性的面談**

・附有精密的問卷。

・公共意見調查經常用本方法來進行。

・衝突管理可利用本法來蒐集資料。

☞ **非計畫性的面談**

・一系列經過單獨特別設計的問卷。

・適用較特定獨立之問題。

☞ **非結構化或開放性面談**

・通常用於探索性研究之面談。

・本方式對面談者和回答者較有彈性。

對衝突管理而言，不適用結構化計畫性之面談，因爲其問卷太狹窄，無法針對複雜爭議問題蒐集資料。結構化非計畫性和開放式之面談較適合於衝突面談上，而且經常混合使用，其步驟爲：

1.首先係以非結構化方式揭櫫有關衝突之廣泛了解。

2.以結構化非計畫性的方法來決定對特殊描述的有關分類（人、關係、實質結果）。

3.面談之結果是以非結構化方法分別繼續對每一分類進一步描述。

選擇合適的人來執行面談工作

1.面談者之性別、年齡、種族、社會階級、身份地位及工作經驗會影響資訊之獲得。

2.面談者可藉控制其本身之衣著、語言、行爲和態度來拉近面談者—回答者之間的距離。

進入面談和建立可靠性

其方法有：(1)間接方式；(2)直接方式；(3)直接、間接同時進行。直接和間接方法需要面談者做約會面談，約定可能的受訪者利用電話式信件，下列之資料必須提及：

1. 面談者之姓名。
2. 資料蒐集組織之名稱。
3. 提供一簡單描述，說明組織和受訪者是超然獨立的。
4. 解釋為何被選定（係經由報紙、共同的朋友、其他的受訪者等）。

此外面談之時間、地點和期間之選擇對資訊之品質和數量之蒐集有重大之影響。

☞ 時間

選擇面談之時間必須考慮下列原則：

1. 選擇方便受訪者之時間。
2. 選擇一個時間，使受訪者能放鬆心情，很充裕完成面談而不影響其正常工作。
3. 進行較長的面談，使受訪者能更明確表達。
4. 允許受訪者有充裕時間來蒐集資訊。
5. 注意時間，不要強迫受訪者逗留太久。

☞ 地點

選擇面談地點必須考慮下列原則：

1. 方便回答者。
2. 能進一步使回答者放鬆心情。
3. 不被打擾。
4. 調整最適當位置以利回答者能坦然接受面談。

開始訪談：建立氣氛

□ 氣氛如何建立

最初五分鐘是資料蒐集訪談的關鍵時刻，在簡短時間之交談中，訪談者必須呈現出坦誠布公、有理性且有趣的個性，剛開始語調要誠懇，且不要馬上接觸到主題，以免在訪談者與被訪談者間產生距離，此外訪談者要能抑制情緒，才能蒐集到需要的資料。

□ 訪談者開始建立可信度之過程有三個範圍

☞ 個人的可信度

誠懇地顯示以前處理衝突事件的技巧和經驗。

☞ 制度的可信度

表示以前組織在衝突事件管理上的成功，有好的模式可循。

☞ 程序的可信度

說明成功應用的過程，使對方能接納。

□ 在衝突事件處理上用來激發成功的策略

1. 解釋重要且有價值的資料，使受訪者覺得訪談者誠懇奉獻而產生正面的效果。
2. 顯示出接納各方意見的雅量，特別是要能接納受訪者。
3. 直接要求幫忙。
4. 解釋參與被訪談的利益。
5. 回答問題能降低阻礙。
6. 被訪談者的問題觀點能引起其他的共鳴，大部分的受訪者係混

合採用以上的策略。

訪談：聆聽過程和合適的訊問

□ 訊問（發問）分不公開及不限制的訊問兩種

☞ 不公開訊問

用在要得到比較特殊資訊之話題時，准許被訪談者集中在較窄的焦點上，以得到較小範圍的特別資訊，例如有關何時、為什麼、會如何發生等問題。

☞ 不限制訊問

用在衝突處理事件中，克服被訪談者對資訊的信賴度低或出於保護自己的心態而有所保留時用之。

☞ 不限制訊問，不要有太多討論

要聆聽意見，用來澄清的技術。

□ 不限制訊問的例子

1. 發生情況的背景是什麼？（要說「情況」不要說「衝突」）
2. 問題或主題影響到對方的是什麼？
3. 為什麼主題對你很重要？
4. 要做什麼決定？
5. 還有其他人或團體牽涉到此情況問題嗎？他們認為如何？
6. 你認為情況之發展或變化如何？
7. 你認為那些團體有共同的興趣或利益？
8. 你認為應該如何方能避免或解決這個問題？

□ 如何使訪談繼續

分爲用言語及非言語表達（溝通）之技術兩種：

1. 用言語表達的技術，使訪談繼續如延續訪談的技巧，有七種反應式，如下說明：

反應的型式	定　　義
1. 精緻的發問	已經說過的事實要求再詳細的敘述
2. 主動的聆聽	一個事實的陳述或已說過事務的解說
3. 直接澄清的發問	直接要求澄清不明確或可疑的資訊
4. 推斷澄清的訊問	先前反映的衝突事件資訊的澄清
5. 彙總訊問	要求彙總先前陳述的資訊和要求證實資料
6. 勇敢而冷靜地面對訊問	指出資訊資料矛盾不符之處
7. 重複發問	先前訊問之事實再重述

2. 用非言語技術使得訪談繼續的方法如下：

・用好的眼神接觸。

・用放鬆的態度，清晰的面部表情。

・身體位置的移動，表示有興趣。

・堅定地點頭。

・偶爾發出唔、喔等聲音表示訪談者專心於訪談。

□ 所回答問題反應失敗的原因

1. 不了解問題。

2. 問題複雜的說詞。

3. 手頭資料不充足而不能盡力而爲。

4.一下子有很多問題。

5.問題範圍太大或太複雜。

6.問題不能清楚地陳述。

7.私人或特權資料不提供。

8.訪談者所要的細節並不清楚。

9.感覺問題不相關或有傷尊嚴。

10.被強烈感情所阻礙（礙於情面）。

11.訪談者與被訪談者間缺乏信心。

最好的訪談是利用「使面談不斷繼續」（keeping the interview going）的技術列表來陳述問題，用新的方式，主動聆聽陳述也許能幫助訪談者診斷問題，而能繼續溝通。

□在訪談時記錄資料

有效的訪談，應儘可能接收較多資料，為防止重要資料漏失，在訪談前須考慮記錄之方法，有兩種方法：一為寫筆記，一為錄音，每種各有利弊：

1.寫筆記的原則如下：

・首先要獲得被訪談者的允許，對所談的內容作記錄。

・澄清作筆記的用途，並說明是不保密或公開給大眾。

・假如訪談是有計畫的，資訊的種類須排順序，每一種類需預先分頁。

・在面談結束後所做的記錄要能簡寫或縮短為普通寫法或磁帶錄音。

・面談時作筆記前後要連貫，對重要或複雜點不能用不同的方法寫，以避免偏見。

・休息時間訪談者應再看一遍筆記，證實正確性。

・派兩人協助訪談,一人作筆記,一人發問。

・記錄要能編劇。

2.用磁帶錄音需有時間重複及改寫,有些回答者不願被錄音。

・要獲得被訪談者的允許錄音,解釋錄音後之用途,並告知被錄音部分的特別主題,不喜歡被錄音者可以洗掉。

・訪談者要有一台可靠的錄音機,能駕輕就熟,儘可能防止資料沒錄到的損失。

□ 轉移和結束會談 (transitions and ending interviews)

1.變換問題或中止會談,在訪談者及被訪談者間,往往都是很不自然的事,順利完成這些變化應使問題減至最少。

2.平順轉移是在所談論的問題已告一段落時提出。

3.要結束訪談也需要技巧,當所需要的資料蒐集好或事先就已同意時即可停止,善於處理衝突事件者,應能安排第二次訪談,而不是延長訪談時間 (要能見好就收)。

4.要結束訪談時之非語言動作與暗示,應包括扭動身體、腳或手臂指向門,強烈地傾向要站起來,適當地點頭移動,快速移動雙腳至地板。

5.結束訪談也應包括言語上表示謝意,關於回答者的合作,並且說明訪談者會照所談資料履行,且資料將送給與會者。

▌衝突分析

訪問者常以所蒐集的資料做為紛爭之資訊來提供給公衆,使易於分析衝突並用以策劃第三者之仲裁。無論其目的為何,衝突分析均為資料蒐集與衝突分析之四個步驟:

1.製作資料報告：包含其他衝突管理團隊或其他訪談者。

2.各種來源資料之資訊整合。

3.確認資訊及澄清矛盾的報告。

4.解釋資料。

□製作資料報告方式

☞ 會議

由訪問者對其各個訪談結果提出口頭報告，包含建議及校正，但可能花較多時間。

☞ 蒐集觀點

蒐集各訪問者的報告副本、訪談錄音帶及其對整個活動的觀點。

衝突管理者有系統的選用報告，端賴具時效性及質與量的訪談資料。

□整合資訊

在複雜的社區及環境紛爭中，訪談所得到的大量資訊，為方便結構化的記錄及資料的對照參考，衝突管理者使用表 5.1 作為工具，需整合的資訊包含三類：(1)人；(2)人與人的關係；(3)他們最關注的主題。表中幫助訪問者了解已經及尚未訪談的人、時，決定何時去訪談特殊類別的紛爭者，如公司、議會、環保人士、政府單位。各類型的團體及其不同程度的影響均列於表中。對紛爭中團體或個人的素描，有助於衝突管理的發展，其中包含態度、價值、認知、行為、類型、力量基礎、組織及目標，並加以比較；這將給予衝突管理者對複雜之衝突有一個簡單而迅速的方法，但它可能非常費時。

資訊的整合為各衝突團體間的關係的整合，為的是了解紛爭。個案研究及時程表對解說衝突關係的發展有所助益。時程表（5.2）是

表 5.1　利益團體或個人

	環保團體	工廠或公司代表	政府官員
	面談日期	面談日期	面談日期
高影響力之主要團體或個人	1.＿＿／＿＿／＿＿ 2.＿＿／＿＿／＿＿ 3.＿＿／＿＿／＿＿ 4.＿＿／＿＿／＿＿	1.＿＿／＿＿／＿＿ 2.＿＿／＿＿／＿＿ 3.＿＿／＿＿／＿＿ 4.＿＿／＿＿／＿＿	1.＿＿／＿＿／＿＿ 2.＿＿／＿＿／＿＿ 3.＿＿／＿＿／＿＿ 4.＿＿／＿＿／＿＿
中影響力之次要團體或個人	1.＿＿／＿＿／＿＿ 2.＿＿／＿＿／＿＿ 3.＿＿／＿＿／＿＿ 4.＿＿／＿＿／＿＿	1.＿＿／＿＿／＿＿ 2.＿＿／＿＿／＿＿ 3.＿＿／＿＿／＿＿ 4.＿＿／＿＿／＿＿	1.＿＿／＿＿／＿＿ 2.＿＿／＿＿／＿＿ 3.＿＿／＿＿／＿＿ 4.＿＿／＿＿／＿＿
低或無影響力之利益團體	1.＿＿／＿＿／＿＿ 2.＿＿／＿＿／＿＿ 3.＿＿／＿＿／＿＿ 4.＿＿／＿＿／＿＿	1.＿＿／＿＿／＿＿ 2.＿＿／＿＿／＿＿ 3.＿＿／＿＿／＿＿ 4.＿＿／＿＿／＿＿	1.＿＿／＿＿／＿＿ 2.＿＿／＿＿／＿＿ 3.＿＿／＿＿／＿＿ 4.＿＿／＿＿／＿＿

表 5.2　時間線

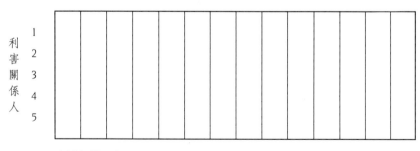

利害關係人　1 2 3 4 5

時間規模 1 個月：＿＿＿＿＿＿＿

利害關係人活動

衝突管理者記錄衝突發生之重要影響事件，內容包含溝通及溝通失敗之訪談、壓力、公共集會、行動、選舉、訴訟、公共知覺、經濟趨勢、政府主要政策的改變及國際事件，及其對紛爭動態的影響，以作

表5.3　衝突分析：議題、立場、利益

利害關係人／組織	議　　題	立　　場	實質／程序／心理方面之利益	滿足各方利益的　方　案
1				
2				
3				
4				
5				

為澄清事件引導的衝突及其發生順序等資料整合、分析的工具。最後之資料型式需組織及整合紛爭之兩個要素。

　　☞ 問題（issues）

衝突團體不同意的中心問題，或為問題的狀態。

　　☞ 立場（position）

衝突團體對關鍵問題如何處理及決定的聲明，或特殊解決方法的計畫。初始的立場需由訪問者做完全的探查，請求公開，並儘可能讓他們自關鍵問題中分離出來。

　　☞ 利益（interest）

　　利益及需求是特別的條件式衝突團體會對其考慮，同意及感到滿足。除非它們包含在整理資料內，否則衝突無法解決。每一團體應被要求在衝突管理計畫前澄清他們的利益及需求。

　　表 5.3 做為安排紛爭之問題、立場及辨明其優先利益。釐清立場及辨明利益，衝突管理者可與衝突團體建立解決的替代方案。

□ 確認資料

資料蒐集常得到矛盾的資訊，可能訪問者的記錄不正確，或受訪者蓄意或不經意的給予相反的資訊，或受訪者對問題不同的認知定義。衝突管理必須試著去了解及校正這些資訊，做為成功仲裁的開始。第一步驟：如果矛盾是蒐集程序不完整所造成的，則回顧原始筆記、對照參考各受訪者之回答、要求第二次訪談、增加訪談及使用電話連絡，均有助於確認資料。

□ 解釋資料

解釋資料是衝突分析過程中最重要也是最困難的部分。

問卷的功能：(1)顯示衝突中的資訊，(2)提示分析之指導方針或衝突管理活動的發展基礎。每個問題會有不同的回答，每個回答可能需要不同的行動以做回應。

☞ **第一分析類型：人**

紛爭中所有團體均已訪談過，建立表 5.1 至 表 5.3 的表格，各類團體的描述、擁護團體的大小及決策訂定過程的權限等，每個問題均提示一種衝突管理的回應。

☞ **第二分析類型：問題**

衝突團體有不同的認知、態度，與刺激等，衝突管理者可能注意到在許多紛爭中存有很大的敵意和憎恨，在不同衝突的個人、團體中是什麼事件造成的，是誰影響他們的。

☞ **第三分析類型：權力**

紛爭中之權力基礎包括幾類團體：(1)工業界，(2)人民團體，與(3)政府取締單位等。工業界有錢，力足以上法院，但時間拖延會影響將來成本。

人民團體無法針每一家公司進行訴訟，但每家公司都會擔心被選上。政府的取締權及內容都會因時間而改變。

各類團體的相互關係包含：各團體之溝通方式、如何增進溝通、以面對面或中介方式溝通，找出其中溝通困難的問題。衝突管理者從這些方向取得各團體在紛爭中的關鍵問題、立場及利益的更多資訊。

完整地分析紛爭中的人、他們之間的關係、價值觀、關鍵問題，對發展堅實的衝突管理策略式計畫是絕對必須的，其動態、利益的正確解釋，能使公平仲裁者或紛爭者設計出有意義及更有效率的回應。

結　　論

資料的蒐集分析為發展衝突策略的重要步驟，能使複雜的社會及環境紛爭中的團體，提出更有創造性的回應及較滿意的決定。

6

汪明生　朱斌妤

談判理論與技巧 I

談判的定義

不經第三者介入，兩個或兩個以上的決策代表（個人或團體），解決彼此存在或未來預見衝突的協商溝通過程。談判與其他名詞（如 bargain, compromise）差異在於 bargain 傾向金錢方面的交易磋商，偏重契約行為與輸贏；compromise 則在精神上強調妥協，甚至委曲求全。

談判有以下特質：

1. 談判是處理及解決衝突的方法之一。
2. 談判是解決難題的過程，由兩個或以上的人們就他們所共同關切的事項自行討論所發生的歧見；而企圖得到雙方同意的結論。
3. 談判包含雙方彼此對爭議問題及利害關係之說教工作，並產生及評估替代方案，再協商這些選擇方案的接受性。談判成功取得協議或交換的承諾，亦代表建立了前所未有或以前不理想的新關係。

衝突雙方談判的理由：

1. 因自己單獨不能解決問題。
2. 因預期談判的結果可能會比不談判來得好。
3. 相關團體談判目的在於達成最佳且最可行的協議。

談判的條件

影響談判成功失敗之因素條件相當廣泛，但為取得雙方同意的協議和解，必須具備下列條件：

☞ 相互信賴

談判團體在某些狀況下必須依賴雙方建設性的行動及善意的動機，才能將損害及花費成本減到最低及得到最大利益。

☞ 手段或影響

・團體間必須有可相互影響的方法。

・較常見的影響對策爲脅迫或施加處罰之權力。

・提升雙方利益能力之影響。

・雙方談判之實力可能不同，但差距大時往往造成協議不利於一方或多數他方團體，因此弱勢團體必須儘速尋求影響的手段及工具。

☞ 時限的急迫性，截止期限

當主要團體受到壓力時才會去談判，而這種急迫性可由下列項目塑造出：

・由外界告知截止期限。

・相對反對法案之威脅。

・由內部感受到狀況已無法忍受。

☞ 了解急迫性及損失之後果

爲了促成談判成功，各方必須了解時限的急迫性及清楚延誤後受到相反法案之損害或利益之損失的結果。假如延遲會造成一方之勝利，就不會進行協調談論。

練習：談判之條件

☞ 目的用途

界定在何種狀況環境之下你的代理機構會或不會採取談判。

☞ 方法

・當決定對衝突進行協商談判時以腦力激盪法列出時間表。

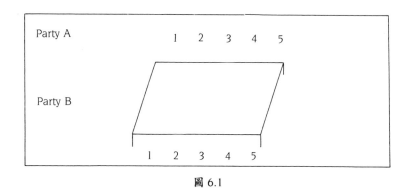

圖 6.1

・對每一件衝突列出選定談判的理由所在。

・在何種條件下你會參與談判，有無固定一致性的模式及條件。

☞ **腦力激盪**

・當決定不談判時列出第二張時限表。

・對每一項爭議記錄你為什麼不談判，不界定任一種模式。

▌談判的型態

談判的型態因個人團體之互信而有多種型式，第一種為雙邊式商談，如圖 6.1。

□組織間的協商──水平式

1. 第一種談判為團體、代理、組織間所屬成員之水平式協議（如圖 6.2），通常稱之為團隊之協商。團體內不同之權力、名望、權限、資歷、技巧、資訊、資源的差異及個性特性與衝突型態皆影響談判之成果。

2. 當團隊成員職位上大致相同時，為了維護團隊向心力必須先取得共識。

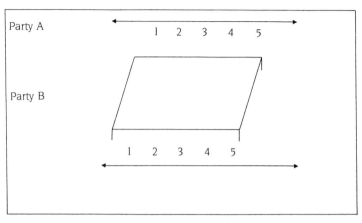

Party A

1　2　3　4　5

Party B

1　2　3　4　5

圖 6.2

3.假如成員職位不一時則職務權力較高者,可以要求成員支持其
　意見或論點,即使其部屬並非同意。

4.雖然問題處理的意見可由行政層峯堅持保留,但亦經常會被改變。

□ 組織體系的協商亦有垂直式

　　當談判團隊分屬不同行政層級單位及來自不同選區意見之單位時
(如圖 6.3)。在這種狀況下,談判團隊必須再與一個或以上具有最
後決定權的個人或單位商量,才能通過或反對協議。此類協商必須極
爲謹慎進行,以使得不在場談判而具有授權的人對可能的演變過程皆
有充分的了解與評估,這樣才能儘速達成最後的協談。

□ 片面協議——利益授與(輸送)假公濟私

　　片面或利益授與的協議發生於當團隊內一個或數個成員在未經過
授權下偷偷的與對方成員研討可能達成的協議,這種談判來自因部分
成員犧牲團隊、選民或組織大多數的成本利益,達成個人利益的輸
送,如圖 6.4。

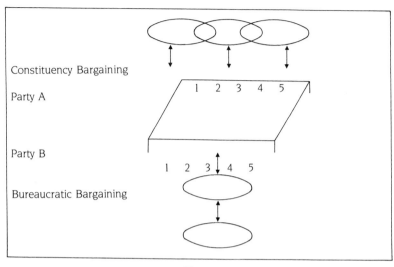

圖 6.3

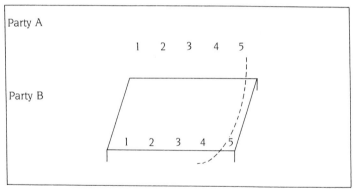

圖 6.4

□片面式的協議──安撫措施

　　片面安撫性的協議發生於一個或以上的爭議者,以非正式的或私底下與對方成員協商得到的替代方案。圖 6.5 這種協商方式,係以整個團隊之認知及有利於雙方互信協商的資訊來進行,而發起安撫或協

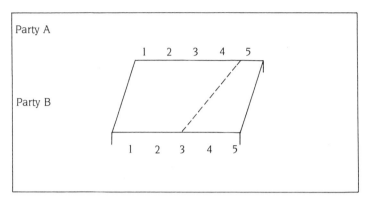

圖 6.5

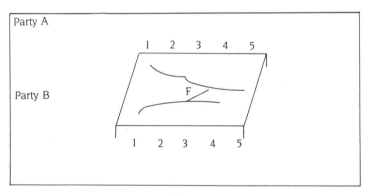

圖 6.6

商成員，可以是發言人或主導議事者，具有辨識對人員職位在教育背
景、職業、興趣、觀點有相近的傑出人員而與之協商。

□ 雙邊協商

　　此類發生在雙方通常以發言人或主要授權者來主導進行之協商，
此類的談判通常會先回顧以往之爭議過程再界定爭議問題點及利害關
係，然後提出替代方案以討論再達成協議，如圖 6.6。

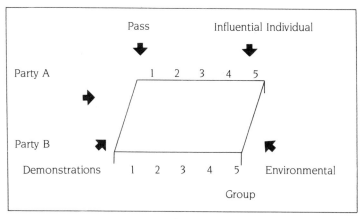

圖 6.7

□ 外在因素及壓力

　　未在談判桌上或有代表參與的團體可能會設法影響協議的條文內容，其壓力之型態為：新的媒介團體、公衆意見輿論、司法決定、立法、議事遊說團體、其他分屬單位之政策及措施或示威遊行等（見圖6.7）。

□ 集體式參與

　　有關人員皆參加之集體或談判會使過程相當複雜及費神費事，雙方談判式以圖6.8表示。

□ 多邊談判

　　我們剛引用假設性之爭議談判，說明了相互影響的複雜性。大多數社區和環保爭議通常超過雙邊，而其交互影響狀況則更多。五邊團體之談判為一般實際的爭議現狀。

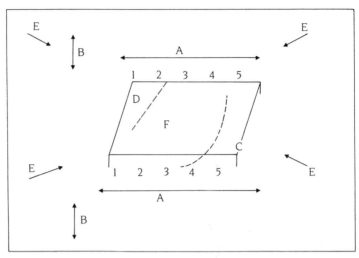

A	組織間協商——水平式	D 片面協商——安撫措施
B	組織間協商——垂直式	E 外在壓力
C	片面協商——利益輸送	P 雙邊或協商

圖 6.8　集體式參與

談判準備事項：問題點、利害項目、立場、替代方案

□ 談判如同其他衝突管理過程，要有效運用必須事先
規劃

　有關談判之人員其相互關係及次屬性問題等為必須蒐集之資訊。
談判者必須界定問題所在及雙方的要求為何，為了界定標的必須分清
爭議問題點、立場、利害項目，及替代解決方案。

　☞ 爭議問題

　團體間未能同意之事項，例如在石油採勘生產及發展礦產資源下

如何使山區保留森林型態。而爭議問題亦可能為：

・0　次屬性問題：有關於金錢、時間或補助問題。

・1　心理性問題：方案執行的影響。

☞ 立場

團體對爭議問題可以或應該如何處理或解決的聲明，即特定解決問題之建議方案，爭議者會選擇有利於其需求或利益之立場。

☞ 利害項目

團體會在有利於其需求、條件、所得之考量下取得協議，利害項目是在特定程序中考慮其內容及心理需求。

☞ 替代解決方案

團體的立場為在爭議中能取得他們的利益，在多數的衝突中，則會有許多替代方案可達成這些要求。

□ 個案的準備

一位好的談判者會在談判前先蒐集好談判的實務數據，這些資訊可分析構成一合理的個案，可提供給其他的團體。談判準備的資訊分析有下列七項步驟：

1.界定對你較重要的問題項目。

2.界定協議中可達成你利益的利害項目。

3.界定可達成你要求及利益，同時解決爭議的替代解決方案。

4.界定你認為對方所重視的爭議項目。

5.界定對方所要求的利害項目。

6.界定對方可能接受的替代解決方案。

7.將兩個或以上團體之問題、利害項目、替代方案加以整合而找出共同利益所在，及哪一項替代方案可能會被所有團體接受，以及何項差異點必須予以克服。

□ 選擇有利的時機（知己知彼）

1. 已蒐集充分及切題之必要資訊。
2. 已獲授與談判之權力。
3. 了解對方之動員情形。
4. 了解對方之底線。
5. 已有底線但未讓對方知悉。
6. 了解對方期望之時機。

□ 選擇適當之地點

☞ 主場（己方場所）

優　點	缺　點
(1)感覺舒適自在（天時、地利、人和）。 (2)能掌握周遭環境。 (3)易於取得資訊。 (4)能掌握實體設施。 (5)能掌握外來干擾。	(1)很難向對方下逐客令。 (2)很難拒絕對方要求提供手邊之資訊。

☞ 客場（對方場所）

優　點	缺　點
(1)能顯示信心與意願。 (2)易於要求對方提供資訊且對方不易拒絕。 (3)對方不願合作時，可賴著不走，對方要下班，我方不急著下班。	(1)周遭環境不熟悉。 (2)己方資訊來源較爲不易取得。 (3)對方可被干擾或叫開。 (4)對方可接聽相關電話，己方電話可能被封殺。

☞ 第三者場所（中立區）

優　　點	缺　　點
(1)外來干擾可加以控制。 (2)雙方均無法操縱場所及設施。 (3)遠離工作場所。 (4)遠離平日熟悉的環境，可促使對問題有更精闢的看法。 (5)竊聽之可能性降至最低。 (6)雙方均同樣面對新的環境。	(1)談判所需之資訊來源可能被切斷。 (2)無法獲得同事或其他之精神支持。 (3)談判各方可能要分攤場地之租金，設施使用。

☞ 會談室之布置

・氣氛之營造：正式或非正式。

・桌型之選擇：方、圓之間。

・座椅之安排：地位有利或一視同仁。

・黑板、白板或其他簡報器材。

□ 練　　習

問題、利害事項及替代解決方案。

目的／用途：在爭議中界定各團體的問題點、利害事項而研討出解決利害要求的替代方案。

☞ 在表 6.1

・0：列妥所擬定之衝突事件中對你較重要的問題點。

・1：對每項問題界定對你的利害事項。

・2：就每項問題以腦力激盪找出對你有利的解決方案。

☞ 在表 6.2

・0：列妥你認為對方重視的問題。

表 6.1

YOUR ISSUES, INTERESTS, ALTERNATIVE SOLUTIONS		
ISSUES	INTERESTS	ALTERNATIVE SOLUTIONS
1.	1.	1.
2.	2.	2.
3.	3.	3.
4.	4.	4.
5.	5.	5.

表 6.2

YOUR ISSUES, INTERESTS, ALTERNATIVE SOLUTIONS		
ISSUES	INTERESTS	ALTERNATIVE SOLUTIONS
1.	1.	1.
2.	2.	2.
3.	3.	3.
4.	4.	4.
5.	5.	5.

- 1：就各問題列妥你認為對方重視的利害事項。
- 2：列出你認為可滿足要求的解決替代方案。
- 比較表 A 表 B 顯示其共同問題、利害事項及解決方案。
- 界定各團體不同的問題及利害事項。
- 檢視問題有相關或可協商消除之範圍及其解決方案。

制衡及影響的評選

影響的方法是一種有意改變另一團體行為及心態的技巧，有助於達到團體制衡及影響的目的，而使對方走向談判桌。

各種談判的基本要項有很多，重點如下：

☞ **回饋性的影響**

假如對方依預設方式遵行，而使其能接受回饋或增加利益的控制能力。

☞ **強迫性的影響**

對方如不遵行擬設方案會使其遭受痛苦、困窘、增加成本、利害損失……等處罰的能力。

☞ **職權性的影響**

使人因制度上或社會上之角色，必須在組織上或法令要求下予以配合，而改變其行為態度的能力。

☞ **社團性的影響**

由於社團之參與，能使你有極大利益或不利於對方之影響而必要改變行為與態度的能力。

☞ **專家的影響**

由於特定的知識及資訊而必須修正行為與態度的能力。

☞ **習慣性的影響**

改變人們因其習慣性反應或傾向受其態度和行為的能力而改變團體已界定出自己及其他團體可運用的影響要項後，再評估對自己或對方的費用支出及利益多寡，才能權衡運用。

表 6.3　同表列出爭議對方之資訊

YOUR MEANS OF INFLUENCE		
MEANS OF INFLUENCE	COSTS	BENEFITS
OTHER PARTIES INFLUENCE		
MEANS OF INFLUENCE	COSTS	BENEFITS

練習：影響方法

☞ 目的／用途

1. 界定每個團體可改變對方的態度與行為之影響方法。

2. 界定所列出影響方法的成本和效益。

☞ 方法：表 6.3

1. 列出你能影響對方態度和行為的方法。

2. 考量有關回饋、強迫、法律職權、社團、專家、資訊、慣性行為等各方面的影響方法。

3. 界定每一列的成本與效益。

談判對手之個性

□ 了解對方

除應了解對方之爭議主題、利益所在、因應方案、運用影響力之方式外，有必要再了解對方成員之個性、習慣、價值觀、過去之行止等，將有助於己方規劃談判策略，有關項目如後：

☞ **處事能力**

(1)計畫擬定及準備工作如何	(4)是否積極進取
(2)是否具備解決問題之知能	(5)對問題之了解有多深
(3)是否目標導向者	(6)是否被充分授權

☞ **決斷特質**

(1)運用影響力	(4)是否為領導者
(2)服從權威或冷酷無情	(5)在談判桌上仍具權力
(3)競爭性強烈否	(6)是否敢冒風險

☞ **社交特質**

(1)是否為正直誠實者	(3)處事是否機敏圓熟
(2)是否心胸開闊	(4)耐力、毅力如何

☞ **溝通技巧**

(1)語言溝通能力如何	(3)在逆勢中仍能建立融洽關係
(2)是否具聆聽能力	(4)是否為好辯者

☞ **情緒性反應**

(1)對問題是否有激烈的情緒反應	(3)對談判人員是否有激烈的情緒反應
(2)能否不將情緒與主題混為一談	(4)能否就事論事，對事不對人

□ 因應對手個性之道

☞ **正面（良性）個性**

(1)順勢而爲；(2)借力使力；(3)順水推舟；(4)其他。

☞ **負面（惡性）個性**

(1)以柔克剛；(2)以毒攻毒；(3)以其人之道還治其人之身；(4)以子之矛攻子之盾；(5)其他。

□ 了解己方談判代表之短長

☞ **若有所長處**

善用所長，合作無間。

☞ **若有所短處**

禮邀賢能，截長補短。

談判會議開始之方式

□ 開門見山，立即進入爭議之主題

（沒有緩衝時間）

1.背景狀況陳述、需要改變之原因、採取之立場。

2.針對問題本身：

・由雙方之背景狀況陳述中，以決定自何處著手。

・自最重要部分開始。（抓住重點）

・自最簡單、問題最少部分開始。（好的開始，有成就感）

・以隨機順序開始。（問題無分軒輊，隨心所欲）

・將對方已列出或預想之問題鉅細靡遺提出，以便由己方觀點了

解利害關係。

3.自對己方有利者開始。

4.針對利益方面開始。

5.表明立場：兩極化或談判空間極少時。

□ 先談程序問題

☞ 優點

・雙方先確定議事規則，使會議進行有所依循。

・讓雙方共同決策。

・可觀察了解雙方成員之行為、態度、可信賴度。

・讓雙方對非實質問題先取得協議。

・讓雙方體認到取得協議並非難事，進而對實質問題取得協議而充滿希望。

☞ 程序問題之內涵

・議程。

・談判進行程序。

・排程、開會頻率。

・資訊分享。

・相關法律規定，行政命令。

・行為準則。

・會議場所。

・會議記錄之保管。

・執行約定程序之承諾。

・決定參與談判人員。

・代理人、觀察員之角色。

・工作小組之角色。

・談判內容之保密與否。

・談判小組成員多寡。

・與新聞媒體之聯繫。

・程序、實質協議之執行。

□ 先從成員相互了解開始

1. 見面三分情，舉手不打笑臉人，異中求「同」的人情文化。

2. 相互介紹認識，增進和諧、互信氣氛。

3. 非正式──咖啡時間。

4. 正式──聚餐、宴會、現場參觀、共同參與工作小組。

▌降低／排除達成協議之阻力 .

阻力不外乎來自於：對人、對程序、對解決方案之因素，好的談判者會將其成因加以區隔，逐項加以克服。

□ 來自於「人」的阻力

1. 過度情緒化、溝通不良、對人、事之認知有誤、缺乏信任。

2. 降低阻力之方法：

・安排於不涉爭議主題之小組會議，幹部會議、一對一晤談等讓其發洩情緒。

・安排工廠參觀、晨間漫步、慢跑等消耗過剩精力。

・資料之覆誦、規則之解釋、減少誤解。（better listening）

・發言時間加長、召開預備會議、準備書面資料、要求簡明扼要發言。（better speaking）

・發言音量適中，使精確傳達意旨。

・注意小節，增進被信賴感。

・確認造成互不信任之因素及商議如何克服之。

□ 來自於「程序」的阻力

1.未立足談判進行程序、有程序但難以運作、錯用程序、多種程序併行無所適從、與會者不屑於程序化。

2.降低阻力之方法：

・經討論後訂定明確之程序。

・探討經既定程序能不獲致所期望之結果。

・修訂既定程序，使與會者更能參與投入，使會議更有效率。

・縮小議題範圍，減少議題數量等。

□ 來自於實質問題之阻力

1.無適當之可被接受方案、與會各方尚未對各種方案之優劣適予評估。

2.降低阻力之方法：

・分別或一起研議新的方案。

・研訂可以產生具體方案之思考程序。

・就既有方案研議使其更為可行。

・研訂一套有效評估方案優劣點之方法。

・以分析說明其他方案之優點來說服對方放棄堅持己見。

・讓對方了解他們對己方立場之看法與事實有出入。

・讓對方了解他們低估了固守立場之代價，一旦談判陷入僵局，對他們更為不利。

・對方了解如探己方之方案，所付代價並未如其所計算之高，反而對其有利。

· 想辦法為對方找下臺階，保留面子。

· 想辦法讓對方認同己方之方案且讓對方有「這是雙方共同獲致之成果」之感受。

達成協議

就爭議事件達成各方都接受之協議是談判之基本目標，其考量之因素如下：

□ 實質利益

☞ 金錢因素

· 一旦談判破裂，以訴訟或其他方式尋求解決之費用如何？

· 參與談判人員之薪給，花多少時間研擬草案、律師費用？

· 一旦訴之於法庭，其可能之判決如何？

☞ 非金錢因素

· 對方之提議與己方就土地、資源之運用腹案是否接近？

· 對方之提議與環保方面之標準接近程度可接受否？

· 對方之提議與己方之價值觀是否接近？

· 用其他方法能否獲致更好的結果？

☞ 時間因素

· 一旦談判破裂，必須透過其他方式處理時要花多少時間方能解決？

· 延緩處理是有利或不利？

· 有無時間上之限制因案？

· 目前是否為最有利之時機？

☞ **規範性因素**

- 協議是不符合政府規定、社會公義、社區民生？
- 就參與協商之各方以及會受影響之團體而言，本協議是否公平合理？

□ 程序利益

☞ **參與因素**

- 雙方參與決策過程是否適予變更？
- 雙方在談判過程中是否均予簡報？
- 有無讓民眾參與？
- 選民（民選）或政府部門有無受邀表達意見？
- 有無讓民眾或政府部門表達贊同意見之程序？

☞ **程序因素**

- 程序是否公平？
- 是否為雙方議定並經確認之方案？
- 協議方案內容是否清晰，有無遺漏之處？

☞ **執行因素**

- 有無執行計畫？
- 雙方認為本方案可行抑或不可行？
- 本執行程序是否為最經濟？（金錢、人力、時間等）

☞ **心理因案**

- 強烈的情緒反應是否已在會中發洩？（不吐不快）
- 雙方言語間之貶損是否獲得實質之補償利得或道歉了事？
- 是否互相尊重？
- 自尊心是否獲得維護？
- 達成之協議是否為在己方預期之中？

・雙方代表是否了解，如果談判不成並不表示其能力不足或有損其專業形象？（不以成敗論英雄，讓談判代表無心理壓力）

利益之平衡

1. 追求整體利益之最大值。（整體平衡）
2. 雖不滿意，但可接受。（合理結果）
3. 失之東隅，收之桑榆。（有失有得）
4. 妳儂我儂，利益共享。（互相包容）
5. 大家都是贏家。（贏／贏策略）

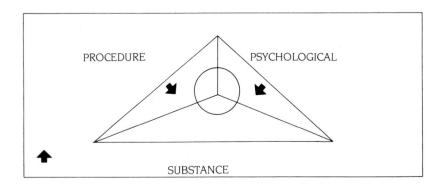

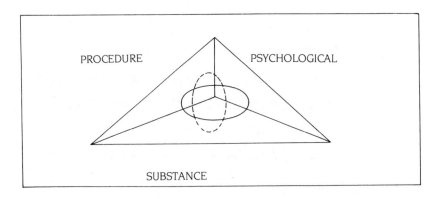

7

朱斌妤

談判理論與技巧 II

劉必榮（民83）曾指出，協商談判有以下重要事項：

1.事前準備工作。

2.如何與對手辯論。

3.如何明白對方的暗示或給暗示。

4.如何呈現提議。

5.是否採用配套方式談判。

6.如何與對手議價。

7.如何結束談判。

8.協議簽約應如何做。

雖然談判需要注意許多事項，但有一項是在任何談判進行之前就需要加以釐清的工作，那就是談判兩（多）造如何看待這項談判？他們持哪種態度？是否要爭個你死我活？或是一致尋求雙贏的談判結果？由於談判態度將會左右談判過程進而影響談判結果，同時在談判的過程中有兩個重要的要素：(1)第一個要素是在談判中的矛盾或牴觸：在合作與競爭中的緊張狀態。團體之間在談判中欲達成協議，因此彼此互相合作，但他們的協議必須符合自己團體的利益，可能並不符合其他團體的利益；(2)第二個要素是談判人會以未達成協議與達成協議的成本與獲利作比較。本篇僅介紹兩種談判問題以及其可能態度：(1)分配性談判；(2)整合性談判。

分配性談判

分配性談判（distributive bargaining）通常是單一對立議題（例如金錢）談判，通常團體在可分配性談判中站在相反的地位，也就是談判兩（多）造持有對立立場，一方有所得，另一方必有所失。它通常包含團體間要求與讓步的型態，最普遍的例子即是買方與賣方為價

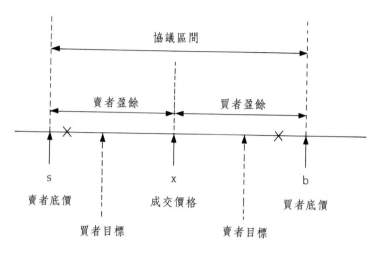

1. 所有談判侷限在分割 b－s。

2. Positive bargaining range: b－s ≥0; Negative bargaining range: b－s ＜ 0; no negotiation, stalemate。

3. 理性的談判者應該儘可能的追求自己的目標,而最終成交價格為雙方認定是自己所能達成的最佳結果。

圖 7.1　分配性談判的分析圖

錢談判。除此之外它有以下常見特性:

　　1. 雙方態勢擺開,涇渭分明。(預設立場)

　　2. 雙方各自闡明對問題之看法、需要調整之理由、誇大問題之嚴重性(造勢,不能過火而肇事)。

　　3. 透過會議協商建議方案(或相對建議案),雙方逐步妥協讓步,終至達成雙方可接受之協議。

　　4. 特徵:小題先大作,大事再化小。「切」、「磋」、「琢」、「磨」。

　　圖7.1顯示分配性談判的特性,藉此圖可繼續說明分配性談判有哪些重要注意事項與戰術。

□ 分配性談判重要觀念

分配性談判有以下五個重要觀念：

☞ **目標價格**（target price）

談判者應根據什麼標準來訂定自己的目標？

☞ **底線價格**（resistance, reservation price）

談判者應根據什麼標準來訂定自己的底線標準？

☞ **議價**（asking price）

誰先喊價？如何喊、還價？

☞ **動態過程**（dynamic process）

談判者如何在談判中調整其相關目標與底線等？

☞ **談判組合**（negotiation plan）

有無談判組合？

底線價格滿足以下條件：

1. 談判者所願接受之最少利得，勉能達成所期望之利益。

2. 如低於底線之條件，通常談判者寧捨談判而另謀他途解決爭議。

3. 如爭議主題不只一端時，亦可能接受某項低於底線而換行他項較佳條件之協議（條件交換）。

□ 分配性談判重要思考

這部分有兩項重要思考方向：(1)資訊挖掘與給予；(2)說服內容與方式。

☞ **理性設定的底價**

‧理性底價應受效用函數、時間成本、談判破裂成本影響。

‧了解對手的理性底價，與對手猜測自己的理性底價、時間成

本、談判破裂成本影響。

例子：BATNA（Fisher & Ury, 1981）：

——使對手以爲時間因素對你的影響不如其想像嚴重，將會影響對手的底價。

——給予適當資訊或強調機會成本，使對手認爲談判破裂的影響甚鉅。

——估計對手底線對其效用，想辦法降低其主觀效用。

· 可用策略

——keep silence（沈默是金）。

——calculated incompetence（假稱無完全決策權利）。

——snow job or kitchen sink（將重要議題包裝在衆多議題之中，使對手眼花撩亂）。

——selective presentation, especially by a third party（只提供對自己有利的資訊，避而不談或淡化不利的）。

——misrepresentation, emotional tactics（察言觀色）。

——interpret/explain for the opponent（not too complicated）。

——rephrase（以不同字眼修飾對手字句，引導其思考）。

——increasing the difficulties in scheduling negotiations。

——disruptive action, e. g. , boycotting（杯葛）。

☞ **讓步（concession）過程——the negotiation dance**

· 最初讓步（initial concession）：讓不讓？任何人都預期讓步過程，且對有讓步的談判較爲滿意。Rubin 與 Brown（1975）指出人需要也相信自身有能力影響別人的決定。

——回應（reciprocate!）——至少要使對手有所得的感覺。

——誠以待人難以被相信接受（如：福特勞資談判案例）。

- 來回讓步（2nd, 3rd, ……concession）幾回？各讓多少？

　　——smaller and firmer（對手不讓步時不要大幅讓步，自曝短處）。

　　——最後讓步(final concession)（最後讓步應該清楚具體）。

☞ **運用適當威脅（threat）、承諾（commitment）使對方讓步**

- threat（負面）：消基會 vs. 華航；中共演習。

- commitment（可為正面鼓勵）：說到做到＋轉圜餘地。

- positioning：不要使對手被套牢，以波斯戰爭為例。

□ 分配性談判重要戰術

☞ **委任性戰術**

委任的戰術是一個團體在協商權力上做了無法改變的犧牲，促使另一位談判者在極大的壓力下接受要求，甚至放棄整個談判。

☞ **威脅和承諾**

承諾不應是給人一種虛偽或賄賂的方式，承認者應表示他確能提供所承諾的事，威脅的出現應是極少的情況，除非另一方有不誠實的表現，威脅應是針對問題而非針對人，它也應是伴隨著和解的姿態。

☞ **協　　商**

協商應是要求讓步，毫無威脅到另一方及他方的利益，並且不使衝突升高。

☞ **權力的議論**

這種議論主要目的在操縱其他團體對權力關係的認知，包括：

- 他們操縱其他團體的委任。

- 他們操縱對手對另一選擇餘地的認知。

- 他們操縱一個人自己委任的認知。

- 他們操縱對手對自己另一選擇餘地的認知。

☞ **規範或價值的議論**

所謂規範或價值的議論是一個或一個以上團體為平等、公平或責任爭論，他們將相對的權力和議題中的這些成份作為議論的問題。

☞ **虛張聲勢或製造錯覺**

虛張聲勢是對其他的團體一種錯誤的領導，讓他人對你將要做或不要做的事產生錯覺，或者對你所擁有權力或能量產生錯覺。這就是為什麼你必須為談判儘可能地蒐集事實資料。

整合性談判

整合性談判（Integrative Bargaining）有時被稱為雙贏的談判，強調的是團體的利益（Fish & Ury, 1983）。它有以下特性：

1. 雙方體認「合則兩利」，互相考慮對方之需求與利益。
2. 雙方先共同確認利益所在，再研議不同之方案並以能滿足所列利益為原則。
3. 雙方自不同方案中選擇一個大家認為最佳者。
4. 本法強調合作、互利，致力於尋求擴充利益之大餅，故大家之利得亦變大。

□ 整合性談判的重要因素

☞ **將人與問題分開**

不要攻擊人，只就衝突引起的問題而論。

☞ **重點放在利益，而非立場上**

立場是你要的是什麼，利益是你為何需要它。

☞ **為了彼此的獲利創造可選擇的方案**

即使團體間的利益不同，協商的結果可能會增進雙方的利益。

☞ 客觀的標準

Fish 與 Ury 認為有些談判不是很容易感受到雙贏結果。而為了要讓無效的爭論或毫無達成協議的風險降到最低，Fish 與 Ury 建議團體應首先同意以客觀的標準來管理結果。

☞ 認識你談判協議的最佳選擇

談判的理由之一是製造較多具生產力的結果，而非毫無談判所可能有的結果。

☞ 談判的技術

如果對方以攻擊的姿態出現，不論是攻擊你或你的計畫，Fish 與 Ury 堅持不應做任何反應只要迴避它。

☞ 有技巧地處理惡劣的圈套

Fish 與 Ury 提議處理惡劣圈套的三個步驟，就是認定戰術、清楚地提起問題，以及使戰術的合法化。

□ 整合性談判的談判過程

談判的過程就像是跳舞，它需要練習、努力、技巧、音樂和舞池，配合著優美的舞姿，愉悅眼目、心、靈。過程分成五個層面，如下：

層面一：預備（選擇舞池及音樂）

☞ 假設

他人也許同意在談判中聽聽抱怨，或者討論，而不願更進一步，另一人有其他的想法，因他不了解談判的真正意思。如果你已設定他人談的意圖，將會阻礙了談判。

☞ 立場和利益

想一想你在衝突中的立場和利益，同時也想想其他團體的地位和利益，不但能確定你在衝突中有很好的預備，而且你也知道衝突確實

存在。在預備中另一重要的部分是定談判的底線和目標。

☞ **時間**

在談判中，時間是很重要的，在適當的時候有正確的行動，讓你或對方評估發生什麼事的時間，並想想新的策略。

☞ **環境**

在談判中的觀眾如同在是球場上看球的觀眾，能提升演出，也會影響參賽者的精神集中度，觀眾也會加強談判者的責任。他們會影響談判者的行為模式，因為他必須面對他的擁護者。

☞ **談判條約**

談判條約管理著談判過程形式，以及引導談判者的「規則」，無論正式的程度如何，在進行談判之前了解一下規則的議題較妥當。

☞ **練習與角色扮演**

與其他的人練習且角色扮演談判的技巧。

☞ **參與談判者的特色**

許多個人和團體的特色在談判的預備中是個重要的變數。

層面二：議題和議程結構（選擇舞蹈）

☞ **議程的項目**

包含的項目、定義、次序。

☞ **議程的結構**

其通常是一個困難的過程，不但顯示出差異性的利益，並且包括在議程中的議題或者為他們下定義。

在談判中給議題定義是很重要的，你的目標並非只有讓你下的定義被接受，還要審查每一個議題的意義，並再定義議題。儘可能地讓議程的項目明確、具體，將大的議題分成連續的幾個小部分，分別單獨處理。有時候可以較不重要的議題或參與者較易處理的議題開始。

在談判中愈早成功，愈能更快進入較困難的議題。

層面三：要求、請求，並發現利益（跳舞）

發現最有力的利益，包括人類基本的需要，例如安全、經濟安定、歸屬感、認同感、控制生活。在談判中，認知並確定這些人類基本需求是利益的一部分，常被忽略，但卻是值得的。

☞ 如何認定利益

第一，將你自己放在對方團體的立場，從對方的觀點中想像問題是什麼，或感覺如何。第二，有關每一個立場，問一問「為什麼」的問題。第三，想一想對方為何在你認為的情況下做決定的原因。第四，對於你所同意的決定，分析一下短期和長期的結果。

☞ 敞開需求與供給

原始的需求和供給的重要有兩個理由足以說明，第一，它可製造你所在立場的原始印象。第二，提出原始需求和供給的團體，能藉著對方對問題的認知，而穩定談判的局面。

層面四：密集談判（探戈舞）

這個層面是要求談判者最有創意的，尤其是整合性的主導談判。

☞ 透過衝突設計一個方式

將衝突的成份分成幾個副元素（價值感、目標、立場、個性等），一種設計使達成協議。

☞ 中心衝突點

衝突經常集中在「衝突便利認識透明化」，它常成為中心衝突點，而不是基本的因素。

☞ 向後進行

談判者從結束的一點開始，並且可看看另一種情況使他們達成目

的。

☞ **解決夢想**

製造一個「解決夢想」或理想，我們能夠具有創意，它能幫助我們現在就達成協議。

☞ **「如果」子句**

用引人思索的句子，例如「如果 X 和 Y 發生的話……」能加強對衝突的釐清和解決。

☞ **阻礙、禁忌、假定**

在戰術裡，指出這些東西是「不可妥協的」，通常都不爲人接受，因爲我們接受這些限制，使得計畫變得不可能。我認爲這種觀點忽略了在談判中的某些變數，例如權力。

☞ **向上或向下的設計**

我們能向下進行，從較寬廣的觀點進行細部工作，或向上進行，一點一點增加，完成全部工作。

☞ **核心原則**

談判者必須設定一個核心原則，在其周圍，建立其設計。

☞ **放寬**

指從明確的維護權益、詢問、要求移至一般化的情況。

層面五：協議（鞠躬及音樂停止）

☞ **使協議正式化**

將協議寫下來代表愼重，比起只有口頭上的協議你會更願意寫下來。用握手或類似的姿態使協議正式化是很有利的。

☞ **未達成協議**

如果問題未達成協議，雙方團體可在未來再進行談判。如果未達成最後的協議，可以暫時的協議再行談判。

☞ **談判協議中最好的另一方案**

或許你的「底線」──對你最不利的協議也是極有幫助的。在這最後的一個層面中牢記在心在談判協議中最好的另一方案

☞ **回顧一下協議**

審查一下或回顧一下你們的協議，這能幫助你釐清未來可能有的困難，並幫助雙方評估協議的效果。

□分配性談判與整合性談判的的差異

表 7.1　分配性談判與整合性談判的差異

屬性(aspects)	分配性談判	整合性談判
資源、報酬架構	分割固定資源	分配變動資源
追求終極目標	犧牲他人以達成自我	追求共同目標
相互關係	短暫且短視	長期且共事
主要協商動機	追求最大自我利益	追求最大共同利益
信賴與公開程度	相對低	相對高
對各種需求認知程度	加以掩飾或誤導	雙方互相溝通了解
可預測性	較無彈性且不可預測	較具彈性且可預測
激進性	威脅恐嚇高姿態	尊重且資訊互通
尋求解決方案	偏重於立場之爭	具創意互惠與建設性
主要協商心態	我贏你輸	追求雙贏

附錄：資方—勞方談判遊戲

將看似單一談判條件問題轉化為多空間的協商：

1. 這個遊戲的爭執點為何？

2. 哪一組（個人）達到最佳（差）協議？

3. 雙方是否有談判策略？如果有，包括什麼？為什麼？

4. 這個遊戲的重點為何？談判中你是否有感覺到？

   ・是否仔細的計算衡量你的協商效果函數。

   ・注意對你看似等值的談判方案。

   ・注意對你對手看似等值的談判方案。

5. 看了各組結果後有何感受？如果讓你作第二次談判，結果是否
   會有不同？

資方談判　A

方案 N ＼ 事件	調薪幅度	休假日期	福利制度
A	7	12	5
B	7	14	6
C	7	15	7
D	8	16	7
E	10	17	8
F	11	18	9
G	11	20	9
H	11	22	10
I	12	22	13
J	13	24	15
K	13	26	17
L	14	28	18
M	16	30	18
N	20	40	19
O	25	45	19
P	30	50	20
Q	35	55	25
R	40	60	30
S	45	65	35
T	50	70	40

附註：最大結果＝50＋70＋40＝160

最小結果＝7＋12＋5＝24（假設所有條件都已確定）

資方談判　B

方案 N ＼ 事件	調薪幅度	休假日期	福利制度
A	80	30	50
B	70	28	47
C	60	26	43
D	50	26	37
E	40	20	33
F	30	18	27
G	25	10	25
H	20	10	23
I	19	9	20
J	19	7	18
K	18	7	17
L	17	5	17
M	17	5	16
N	16	3	15
O	15	3	15
P	14	2	14
Q	14	1	13
R	13	0	13
S	13	0	12
T	12	0	12

附註：最大結果＝80＋30＋50＝160

最小結果＝12＋0＋12＝24（假設所有條件都已確定）

8

汪明生　朱斌妤

衝突管理規劃

衝突管理規劃（conflict management planning）是設計關於潛在爭論、克服不必要的衝突，及將真正差異導入問題解決之建設性管道的方法與步驟。衝突管理之六個階段：

☞ **檢討衝突分析**（reviewing conflict analysis）
取得衝突中之有關問題、動態與人員等資料。

☞ **評估利益團體之目的**（assessing the interests of the parents）
比較在爭論中各團體所希望的結果，並評估達成他們利益的障礙。

☞ **使策略利益相結合**（matching strategy with the interests）
選擇達成確定利益的一般性管理策略。

☞ **與問題一致的處理方法**（matching approach to the problem）
發展與衝突層次相稱之特定方法。

☞ **選擇處理方法**（selecting an approach）
選擇一衝突管理之特定方法。

☞ **發展特定計畫**（developing the specific plan）
決定必須進行的特殊活動。

檢討衝突分析

此衝突分析是用來獲得與問題特性有關之資訊、了解有關人員的問題、各團體間之關係與聯繫，及設計一適當管理策略的基本實質問題。分析亦可揭示各團體利害關係的強度。

評估利益團體的目的

每一團體對其有關利益或需求的爭論，都希望獲得滿意的解決。利益有三種類型：實質的（substantive）、程序的（procedural），和心理上的（psychological）。

□ 實質上的利益

即團體認為他們需要滿意解決的具體結果。例如：涉及未來行為或暫時解決之決議。

□ 程序上的利益

即指執行解決過程之方法。例如：「公平聽取我的個案」或「所有的方案及團體之觀點均被考慮了」的需求。

□ 心理上的利益

一團體希望從爭論過程獲致結果之關係類型。例如：團體間信任與開放溝通的關係。不幸的，在爭論中之團體的利益，通常不容易認定。它們可能隱藏於複雜問題中，且會預設立場。立場與利益是一團體所宣告之達成需求的特定解決方法。通常，爭論團體會假設所喜好的單一解決方法，而不會考慮同樣達成他們需求之其他選擇方案。

評估利益的目的，即是要在團體被一立場鎖住以前，發掘能達成需求的滿意解決。在評估一機構或一團體的立場和利益時，必須考慮幾個因素：

1.什麼是解決問題時，一定會遇到的利害關係？（實質的、程序的，或心理的）

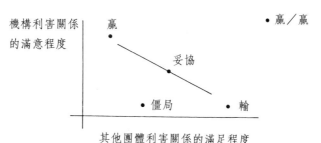

圖 8.1　衝突之五個可能結果

2.這些利害關係是否與其他團體所擁有的直接衝突？或有某些可相容或可雙贏的局面能達成嗎？

3.在這些團體所追求之立場與利益中存在何種關係？這些衝突在日後於相同團體間會不會再度發生爭議？或僅係單一事件，不會再發生爭議。

4.團體或法定代理人是誰？有多少餘裕時間供此代理人設計解決過程？爭議之可能結果？

　衝突管理策略應與團體所希望達成之結果直接相關。Kenneth Thomas 在「衝突和衝突管理」一書中定義了爭議之五個可能結果。Clark 與 Emrich 列舉這些標題與結果如圖 8.1。

☞ 贏／輸─輸／贏

　發生於左上角與右下角，一方贏了，其利益獲得滿足，另一方卻輸了。最常發生於：

・一團體有壓倒性的力量。

・未來沒有很大的利害關係。

・贏的賭注很高。

・團體是極端獨斷的，另一方則是消極的，或不像贏家一樣積極。

- 爭議者的利益是彼此獨立的。
- 一個或更多團體不合作。

☞ **僵局結果**

發生於當團體之間不能獲致一協議時。發生於：

- 無團體有足夠力量去解決問題。
- 缺少信任、溝通不良、過度情緒化，或不適當的解決過程。
- 贏的賭注很低，或無團體關心爭議。
- 與團體的利益不相干。
- 一個或多個團體不合作。

☞ **妥協的結果**

所有的團體為獲得某些而放棄其他自己的標的。可能發生於：

- 無任何團體有能力全贏。
- 爭議者未來正面關係是重要的，但彼此不互相信任，致不能一起工作。
- 贏的賭注稍高。
- 團體雙方都是獨斷的。
- 團體雙方的利益是相互依賴的。
- 團體有某些合作、磋商，或交換的裕度。

☞ **贏／贏的結果**

所有團體覺得他們的利益已滿足，其狀況如下：

- 雙方團體不參與權力鬥爭。
- 未來正面關係很重要。
- 未來結果的賭注很高。
- 雙方團體都是獨斷的問題解決者。
- 所有團體的利益是相互依賴的。
- 團體不必合作和參與解決問題。

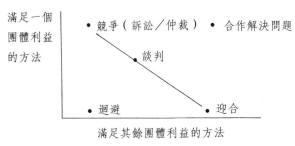

滿足一個
團體利益
的方法

● 競爭（訴訟／仲裁）　● 合作解決問題

　　　　　　● 談判

● 迴避　　　　　● 迎合

滿足其餘團體利益的方法

圖 8.2　衝突之五個可能策略

上述的每一結果導源於特殊類型的策略，不同之策略如圖 8.2。

將策略與利益相配合

□ 競爭——輸／贏解決的方法

在某些場合中，一團體的利益很狹窄，僅有少數的解決方法，又無一爲有關之團體所接受。此團體將選擇競爭之途，尤其當一團體較其對手更有力時，它會努力爭取輸／贏的解決。

競爭策略包含：訴訟（litigation）與仲裁（arbitration）。

決定使用競爭策略時，一團體必須衡量其衝突行爲之成本與利益：

1. 經過長期衝突後，他們所想要獲得的結果，是否仍與短期者相同？

2. 團體有無足夠力量保證一定贏？輸了會發生什麼結果？

3. 此競爭會不會導致其他領域的競爭？

4. 競爭策略會引導至最期望的解答嗎？

□迴避──僵局的方法

迴避（avoidance）衝突可有生產性和非生產性的解決。

人們避免衝突的各種理由為：懼怕、缺少處理過程的知識、缺乏相互依賴的利益、對爭論的問題不關心，或相信不可能達成協議。

迴避策略有不同層次，先可能宣告保持「中立」立場。如「我們在這時候對這問題仍無立場」。

第二層次為「隔離」。爭議者在有限相互關係下，獨自從其他團體追求其利益。此策略最常使用於利益衝突存在，而因工作已明確劃分，要防止公開衝突時。

第三層次為「撤退」。一團體常常被擊敗，為確保繼續生存及避免任何衝突又引致另一次失敗。

□迎合──對別人的利益讓步

迎合（accommodation）即一團體將自己需求的利益讓予別人。此策略使用於：

1. 需要犧牲某些利益去維持正面的關係。

2. 希望表現或加強合作關係。

3. 利益是極端相互依賴的。

一正向的迎合策略可能用於：希望未來在其他問題會有更合作的過程。迎合亦可能因負面理由被採用：

1. 團體缺乏使用不同策略的能力。

2. 團體是消極的或不果斷的。

3. 團體對結果的低度投資。

□ 談判——教育和磋商的策略

談判（negotiation）策略常使用於：

1. 團體無法認知達成他們需求之贏/贏情況的可能性，而決定依他們所見之有限資源來分配。

2. 未見利益有相互依賴性和相容性。

3. 團體間不信任，致無法共同解決問題。

4. 團體實力相當，以致於無任何一方能為自己的利益強迫對方。

□ 合作解決問題——達成所有團體的需求

合作解決問題（cooperative problem solving）對大多數人來說，較競爭式或談判更不熟悉。然而，隨著合作管理技術的興起，與工業上新的組織發展方法，此策略變成更普遍的衝突管理方法。

談判的結果是固定資源的劃分，與之相反地，合作解決問題是尋求擴大選擇範圍，或「加大餅」，以致於達成所有團體的需求。

合作解決問題企圖使團體經由下列七步驟的策略：

1. 檢討解決問題的程序和期望。

2. 討論需求和利害關係。

3. 定義問題。

4. 產生選擇方案。

5. 評估選擇性。

6. 同意一選擇或答案。

7. 發展執行方法及監控程序。

合作解決問題最好於下列情形使用：

1. 團體間有相當高程度的彼此互相。

2. 團體有相互內部依賴性的利益。

3.其有同等力量或其優勢的一方願意合作。

4.團體對互相滿意的結果有高的投入。

與問題一致的處理方法

□ 潛在衝突存在方式

1.多種且潛在競爭的個體或團體表現在尚未組織化的社團。

2.通常為低度感知衝突的可能性，但個體或團體可能在任何時候提出基本問題。

3.團體間已發生的問題甚少或不溝通。

4.對應社團所經驗的變化，並未制訂出特定政策。

□ 感知的但未高度對立的衝突

1.個體或團體已形成明確的衝突團體。

2.衝突團體已陳述問題立場。

3.對問題有某些公共認知。

4.尚未發展成非常對立狀態。

5.衝突團體會有合理的友誼關係。

6.團體承認所有有關人們的利益，而要以非對立的方法解決問題。

□ 對立的衝突存在於

1.強烈的情感，阻礙任何解決問題的環節。

2.衝突團體間的溝通已破裂。

3.問題的立場相當明確劃分。

4.指揮者、擁護者、組織結構，和決策程序都已明確劃分。

5.衝突團體彼此互不信任。

選擇一處理方法

四個一般性的衝突管理處理方法為：

衝突 一般處理方法	潛在的 衝突預期	感知的但未高度對立 合作解決問題	高度對立的 談判／中介
程序	數據蒐集 衝突分析 衝突評估 資訊交換 界定關切 與利益 發展選擇方案 建立共識 安撫	————————→ ————————→ ————————→ ————————→ ————————→ ————————→ ————————→ ————————→ ————————→	

□ 衝突預期

在早期即確認爭議，標定潛在團體，教育有關問題，並協力地設計開創性回應來降低衝突的破壞性效應。

□ 合作解決問題

在衝突已明顯出現，及利益團體已感知爭議存在時，用來澄清及解決團體間差異的方法。最適用於立場不是非常對立時。

□ 談 判

是二個或以上的利益衝突人們對於一個或多個問題，志願討論他們的差異，及對互相關切的問題企圖作成一致的決定。通常企圖於對立的爭議者。其過程是相當正式的，且涉及對不同解決方案的相互教育和磋商。

□ 調 處

調處（mediation）適用於高度對立的爭議。是由一為雙方接受且公平，但無決策權的第三者介入談判過程，而與爭論的團體一起工作來找出彼此可接受的解決方案之過程。

發展特定計畫

在數據已蒐集，問題已分析，利益經過評估，一個一般性策略已被選擇，且處理方案已被界定之後，衝突管理者一定要發展一執行策略的特定計畫。

□ 檢 討 過 程

1.略述實質的範圍。
2.略述程序的範圍。
3.敍述期望。
4.解釋行動的順序。
5.行動的理由。
6.敍述行為的指引。
7.建立或檢討協約。

□ 定義爭議事件

一爭議是一問題之有意義的一面或元素：

1. 定義爭議事件。

2. 每一團體描述爭議點。

3. 提出問題，未澄清爭議。

4. 區分主要和次要的爭議事件。

5. 澄清認知的差異。

6. 討論數據的差異，及決定如何使用差異。

7. 建立討論問題的順序。

□ 討論需求、利益和關切的事項

1. 在全體之前，由各團體說明其需求。

2. 各團體說明之後，提出問題澄清需求。

3. 各團體列出利害關係。

4. 將各需求和利益關係編寫下來，副本給各團體。

5. 產生選擇方案。

6. 將問題分解為更細的次問題。

7. 每次選擇一個問題來運作。

8. 澄清為何它會成為問題爭議。

9. 澄清一解決方案會達到什麼需求。

10. 產生一較廣泛的可能解答。

□ 評估選擇方案

1. 建立評估選擇方案的標準。

2. 個別或組合使用評估標準於各方案。

3.一起檢討所有方案的評估。

4.檢討決策的時間表。

□ 選擇方案

1.刪除不可接受或不可行的方案。

2.按照評估標準來檢討最可接受的方案。

3.要求各方提案。

4.評論提案。

5.磋商其取捨。

6.達成暫時協議。

7.設定一評估期來檢討此決議。

8.獲得有權者的核定。

9.達成最後協議。

10.將實質協議正式化。

□ 執行和監督協議

1.建立成功執行的評準。

2.界定執行決策的一般階段。

3.在各階段下界定特定階段。

4.界定有權力影響改變的人。

5.建立執行方案的組織結構。

6.建立在執行中可能發生之問題處理程序。

7.建立一旦違反決議時使用之程序。

8.界定監督的方案。

9.確定監督的人。

10.決定監督的角色,以處理違反或堅持決議。

11.建立一引起監督者和團體注意發生違反決議的程序。

12.討論數據的差異，及決定如何使用差異。

朱斌妤

調處簡介

表 9.1　第三者形式與工作

第三者	傳遞資訊	告知選擇方案	鼓吹選擇方案	做決策	實際執行決策方案
信差	＊				
事實蒐集者	＊				
稽查人員	＊	＊			
律師	＊	＊			
衝突分析師	＊	＊			
婚姻心理顧問	＊	＊			
仲介者			＊		
仲裁者				＊	
法官				＊	
父母親				＊	＊
調處人	＊	＊			

　　衝突利害關係人有時由於溝通或面子等問題,而無法自行經由談判協商解決衝突,而需要透過利害關係人以外的第三者,以協商解決其紛爭。Kaufman(1985)曾廣義地舉例說明有哪些形式的第三者(the third party)以及其可能扮演的角色與工作(參見表9.1)。

　　本章即針對調處此一觀念與作法做一簡單介紹。

▌調處特質

□ 調處的定義

Cormick（1980）以以下文字將調處加以定義：

A voluntary process in which with a mediators help those in-
volved in a dispute jointly explore and reconcile their differences.
The mediator has no authority to impose a settle, and therefore, the
mediated dispute is settled when the stakeholders themselves reach
what they consider to be a workable solution.

由之看來，調處是：

☞ **自發性程序**

衝突當事人自願參與的過程。

☞ **解決問題**

調處人幫助爭論者去解決彼此間的歧見。

☞ **決策自主權**

調處人無權強制任何協議的達成。

□ 調處工作

根據 Honeyman（1992）研究指出調處人的工作包括：(1)蒐集背景資訊；(2)促進溝通；(3)資訊傳遞；(4)分析資訊；(5)案例管理（見表9.2）。

表 9.2 調處人的工作

蒐集背景資訊	閱讀相關資料以了解事情背景以及爭論者。 從協調者或其他調處人的個案中收集背景資訊（例如，在類似個案中和解的方式）。 閱讀法律或其他技術資料以獲得背景資訊。 閱讀並跟隨程序，指示，時程，截止日。
促進溝通	與爭論者會面並做介紹。 對爭論者解釋調處過程。 回答爭論者關於調處的問題。 傾聽爭論者對問題以及主題的描述。 詢問中性的、開放式的問題，以獲得資訊。 總結爭論者的敘述並加以釋義。 營造氣氛以使氣憤與緊張也能變得有建設性。 著重於主題加以討論。（而非人格或是情緒） 對當事人表達尊敬與中立。
資訊傳遞	請爭論者對專家或其他服務收集資訊，或是請這類專家加入調處程序。 請爭論者蒐集有關法定權力及求助的資料來源。
分析資訊	定義並釐清個案的主題。 辨別重要的以及不重要的主題。 檢測並說明隱藏的主題。 分析在爭論中人際間的動態關係。
促進協議	幫助當事人作出選擇方案。 幫助當事人評估各解決方法。 評估當事人對解決問題的準備程度。 強調和解的範疇。 釐清並擬定和解要點。 清楚地告知當事人可能和解方案的限制。 坦率地告訴當事人未作成和解的後果。
案例管理	評估案例的範疇、強烈度，以及訴訟事件。 徵詢意見以測知所提供的調處服務是否公正或恰當。 徵詢意見以決定需從既定情形下之常用作法中作何種修正。 適當地將調處結束或展期。

□ 調處人

根據 Stulberg 的說法，調處人是：

☞ **團體間的催化劑**

調處人應該能夠提供一個正面、有結構的環境。

☞ **教育家**

調處人應深入了解團體的背景、衝突的發展，與爭論的內容。

☞ **翻譯家**

調處人應能翻譯並傳達團體的計畫，且要符合團體的目標。

☞ **資料來源者**

調處人應能提供資料。

☞ **穩定情緒者**

調處人應能對雙方團體提供支持幫助，調處人能創造一種情境，使衝突不致惡化。

☞ **真實代理人**

調處人告知團體不同的認知和面對不同情況的解決方法。

☞ **代罪羔羊**

代理人可為了達成協議，成為責備的焦點。

□ 調處的好處

調處有許多的好處，列述於後：

1. 它是一個教育的過程。參與者能學習彼此的需要。

2. 它對衝突管理提供一個模式。參與者能歸納他們所學到的。

3. 它是有彈性的。它不會受任何規則或程序所限制，因此它可用在各種不同的情況。

4. 它加強參與者的角色。參與者能在有效的調處中，控制整個過

程，並且使協議滿足他們自己的需要。

5. 它加強持久協議的機會。強調成功的機會，因爲協議是反映團體的需要。

6. 它較沒有威脅。調處衝突管理中比較正式的合法過程，或面對面的談判較沒有威脅。

另外對當事人而言，調處還有以下具體優點：

1. 相對於法院審問，調處提供較多時間申述與解決問題，數項研究結果皆顯示，比起法院判決的結果，當事者對調處的結果較爲滿意。

2. 參與較多，過程中能掌控的部分較多。

3. 爲情緒需要的調整較能被完整的傾聽並予以尊重。

4. 救助方式的彈性較大：當事者能夠同意去做的許多事情並不是法院所能命令的。

5. 擁有的權力較多：當事者覺得所有的和解皆是經由自己所作成，因此覺得有責任使其確實執行。

6. 回應快速確實。

□ 總體和個體技術

調處人 Barsky 認爲調處人應能應用兩方面的技術：總體技術，處理在調處中的整體計畫；個體技術，是明確的仲裁，使團體達成協議。列於表 9.3 中。

調處過程

調處過程有七個層面，以下是七個層面的綱要：

表 9.3　調處總體和個體技術

總　體　技　術	
環境的應用	周圍的自然環境，傢俱的擺設，製造一種公平的氣氛，製造一種可信賴、專業化的環境。
自我的認知	認知自己的偏見、價值、成見。
教導調處的過程	調處人具有的技術，如腦力激盪、聆聽、面對和妥協。
認定形態、關係，和問題	調處人須認定在衝突中的動力，包括年代記、權力的不平衡、溝通的問題和明確的問題，包括實質和抽象的。
管理過程	調處人能提供規則且強調規則，調處人有責任控制整個過程。

個　體　技　術	
衝突減少的技術	調處滿了不一致，包括潛在和明顯的，調處人應允許情緒的公開討論，讓人們能超越自己的情緒。調處人能認定雙方團體的情緒，而非只有一方的。透過他自己或使用身體語言，引導改變。
改善溝通的技術	提供團體有積極的加強作用，引導團體在適當的立場彼此交談，將想法和情緒分開。讓一個團體站在他方的立場也是可行的。
澄清協議	使意見一致的發展，並小心收集資料。問題必須澄清，並且與其他問題分開，並且將衝突分成數個部分。

□ 預　備

調處人在預備中至少包括三個步驟，這三個步驟從最簡單到最複雜的衝突都是必須的。

☞ 評估爭論的本質

不是所有的爭論都適合調處，當調處人接觸衝突時，必須確定衝突適合這一套調處過程。調處人因此必須評估衝突的本質，方可決定是否需運用另一種衝突管理。

☞ 做一個「團體的審查」

調處人除了評估衝突以外，還需要審查一下這些團體是什麼樣的團體，且在爭論中他們的利益是什麼。調處人也應審查團體的相對權力，是否在團體間的權力不平衡，則應考慮另一種形式的衝突管理。

☞ 地點和資料的審查

調處人必須想一想他應在哪裡進行調處，需有何種時間限制，需有何種設備。調處時處在中立的地位常是有幫助的，雖並不十分實際。調處時，應有一個隱私的空間、不受干擾、沒有電話，或其他的通訊工具，只要有一些適當的用具，如紙張、筆和白板。

□介紹：過程的大綱與建立信賴

☞ 介紹與座位

讓團體決定要如何選擇座位，可放置一張小桌子、座位排成三角形，調處人坐在三角形的頂端，團體坐在三角形的底部。如果有兩個以上的爭論團體，得重新安排座位，調處人必須採中立或公平的態度。

☞ 由調處人打開話題

調處人可以恭喜參加調處的團體決定開始調處為開場白。也可對調處的過程做一個大概摘要。

☞ 調查團體的期望並了解整個過程

調處人可做三件重要的事以了解團體的期望。第一，調處人可融化團體間的「冰山」；第二，調處人可著重團體心中的期望；第三，調處人可強調不但著重過去，也看重未來。

☞ 確定背景個案的資料

在這一步驟調處人要審核一些背景資料，為的是確定資料是正確的，並且讓團體有時間將自己回到真實。

☞ 討論並澄清過程中的議題

在這一步驟中，將團體帶回到調處的過程中，問他們對調處的過程是否有任何的問題。

□ 採用團體的陳述，並且給予摘要

在這一階段，調處人可要求每一團體分享他們對情況的看法，並可決定由誰先開始。

☞ 調處人向團體解釋這個層面（包括基本規則）

這個層面的目的是讓調處人全盤了解每一個團體對衝突的看法，且讓每一個團體對它產生反應。最重要的基本規則是獲得雙方團體的同意，不可打斷另一方的談話。

☞ 調處人請團體敘述並解釋他們的看法，調解人給予摘要

調處人可將團體所說的記下筆記，雖然這會令人侷促不安，但如調處人想有個正確的記錄，以便之後提起，做記錄是頗有用的。時常注意各團體的身體語言，因為這會提供調處人有用的線索。當各團體告訴調處人他們的故事時，應該給予他們積極的鼓勵。

當第一個團體說完他們的故事時，簡單摘要說給他們聽，這可確定調處人的了解，並確定已記錄下來。

□ 分開問題，並創造議程

在這個階段，衝突的團體必須了解問題，且須儘可能地獲得資訊，方可達成協議。

☞ 列下所有的問題

使用從層面二蒐集到的資料，在某些情況，調處人可運用腦力激盪的技術，獲得更多的資訊。

☞ 將問題分為「衝突性」與「非衝突性」

一個團體可能把一個問題視為重要，但另一團體卻不以為重要，在這種情況，調處人應該更完全地討論問題，且必須決定這個問題是否應列入衝突的議題。調處人應把問題分為該放入議程中（衝突的議題），或不該放入議程中（非衝突的議題）。

☞ 製造一個議程

這個步驟的基本工作是將調處人所分開的問題加以整理，並排出先後次序，因此調處人所使用的語言必須公平公正；不能厚此薄彼。

□ 可選擇方案的研究以及談判

☞ 製造且檢討可選擇方案

這一步驟最好的方法之一是對每一過程項目，製造且檢討可選擇方案。調處人還是應該保持中立，這並不是說在任何情況下調處人都不適合提出解決方案，當各團體們都「卡住」在某一點時，可由調處人打破僵局。提出可選擇方案是調處人次要的角色，對團體來說調處人最重要的角色是激勵者。如能通過這些困難的步驟，也許他們能自己負起責任，改進他們衝突管理的技巧。

然而，在進入下一個步驟前，除非必要，最好不要打斷這個過程。記住，尚未尋求解決之道時，在步驟一調處人只是針對議程中每一個議題，列下一些可選擇的方案。有關這些可選擇方案的談判和決定要等到下一個步驟才進行。

☞ 談判

這個部分是調處過程中最複雜、最重要的部分。調處人需開始詢問團體，對議程中的議題，所要澄清的目標，以及這目標與議題的關係。

□ 澄清與協議

調處協議有四個方面需要注意。第一，它象徵團體的合作；第二，協議中包含了團體的意向；第三，這些意向正確地說明了團體自己的決定；第四，這些決定結合了雙方團體要完成的未來行為。

在這個階段，有兩個議題必須牢記在心。第一，協議必須是「有生活價值的」，團體能實行出來，且適合他們的生活。第二，早期潛伏的衝突，現在都浮現出來，使得團體更接近最後的協議。

☞ 澄清協議模式

在這一步驟調處人使協議達成，澄清且摘要協議過程，調處人可以將協議一點一點寫在白板上，調處人應確定讓團體儘可能地參與協調，讓他們感覺到是自己做的決定，而不是被強迫的。

☞ 協議的形成

有些團體不希望在與他們的律師商量之前簽署任何的協議，有些團體較希望有律師為他們草擬協議，所以他們希望寫下來的記錄能給律師審核，成為合法的協議。調處人應該體會出團體的需要，並且以他們的利益為出發點。

□ 實行、檢討，和修正

因為這個調處的過程是掌握在團體的手中，調處人的參與度有很大的不同，這時候的調處人可能提供給團體追蹤的服務，也許可利用電話或更多協談。調處人可發給團體一張清單，列下在實行中可能遇到的問題和困難，以及如何解決它。最好要強調，團體在尋求外面的協助之前，先由他們自己來解決困難。

調處機制與運用範圍

□ 中央主管調解業務相關單位

☞ 法務部

宗旨在減少訴訟案例，節省訴訟人力、財力、物力之浪費與精神負擔，促成一片社會祥和氣象（吳天水，法務通訊，第一七一二期，民 84）。其相關業務包括勞資糾紛、耕地租佃、畸零地、商務仲裁（臺北捷運工程案）、著作權等。近年來完成幾項重要工作：(1)鄉鎮市區調解條例修正草案完成；(2)預算補助各鄉鎮市區調解委員會；(3)召開全國性調解業務檢討會。

☞ 環保署

公害糾紛裁決委員會。

□ 地方主管調解業務單位

☞ 公害糾紛調解委員會

（參見公害糾紛調處工作檢討一章）。

☞ 鄉鎮市區調解委員會

鼓勵民眾如有糾紛時，可善加利用鄉鎮市區調解委員會，非必要，不要執意訴諸法院訴訟。其業務包括車禍賠償、清償債務、房屋租貸、家庭糾紛、傷害糾紛等；其原則在於不違背法律強制、禁止，或公共秩序與善良風俗；其效力是經調解成立又經法院核定後，即具民事判定效力；其效果由案例逐年增加，調解成立比例亦逐年增加（達六成）可見。

給調處人的重要建議

□ 調處人的責任

Marshall 指出對調處人而言，有以下十個主要責任：

1. 維持調處過程的品質。
2. 追求對當事者的公平性。
3. 協助當事者獲益。
4. 維持建設性的交易條件。
5. 確保調處過程中自願合作。
6. 激勵當事人控制自己的衝突和促進衝突的解決方法。
7. 儘可能保持公平地經由處理有力的差異，給予當事人充分的時間陳述情況，獎勵所有分享的資訊，和確保雙方完全認知自我的利益和法律權利。
8. 關心協議的合適性。
9. 提供新的調處方式供當事人選擇。
10. 儘量增加他們經由利用訓練的機會，維持在調處中與其他人接觸，以增加專門的知識。

調處人需要記住，整個調處過程的目的是要：幫助當事人釐清實質上的關係，闡釋其利害關係，使他們的注意力放在那些同時考慮雙方利益的方案上，並制定獨立客觀的標準以在各方案間進行選擇。換句話說，其目的在於設定規則、控制議程、認真服務，以幫助有原則的協調程序得以實施、實現。

在此特別強調調處不是仲裁，和解也不一定是過程的必然結果。不是完全由當事人作最終和解與否的決策。調處人的責任是觀察當事

人對決策之了解，調查當事人的自身權益，但別將自身的價值觀加諸於他們。不是所有的當事人都應該和解，或是經過調處人的推動才發現和解是令人滿意的。另一方面，有很多棘手的問題如權力不平衡、法律與平等皆會一一發生，而調處人可能會感到需要扮演更實際的調處人角色。面對此情境，調處人將會考慮先在法庭上簽署協議並歸檔，以作爲調處人最終的依據。

□ 調處人的要訣

正式的調處是有程序結構的。Patton 綜合許多傑出的調處專家的經驗後得到以下所述的重點：

☞ **穿著與座位**

穿著得體，舒適。不要過度打扮，以免讓人失去興趣。

仔細考慮實際狀況。讓激動易怒的當事人靠在一起坐或許有心理上的助益，但須格外小心，因爲場面一旦失控整個事件就可能告吹。最好將你的座位設在接近門口處，如此若某位當事人要起身離開，你就可以輕易的擋住他，而不需奔出門外追趕。雖然調處是自願的，人們有權利離開，實務上你要使當事者留在房中越久越好，如此你才能讓他們繼續交談。

☞ **開場白**

調處人在開始時可進行介紹，並說明程序及規定。主要目的在於建立其可信度、控制力，以及權威。其他的目的還包括：

- 設定當事人對協調會議、保密性等之期望，避免稍後因訝異而產生不服。
- 讓當事人放輕鬆。
- 評估當事人對過程及結果之所有權及責任。
- 設定基本原則（ground rules）。

典型的開場白包括下列項目：

· 簡介。

· 過程解釋。

· 自願性。

· 調處人的角色（幫助他們就問題找到雙方皆能接受的解決方法）。

· 對當事人而言調處的優點。

· 對與法院相關程序的保密措施。調處人不做報告，而當事人在與另一方或是調處人進行會談時不可以再次供述既有之敍述。

可能運用到的詞語有：

· 我們有一些基本原則（ground rules）。

· 請調處申請人先發言。

· 我們不中斷任何人。

· 我要做些筆記，其有機密性問題。

· 我可能會常常與你們在私底下碰面，以討論你的權益，並找出解決方案。

· 如果達成協議，則將和解內容立書以作為法院最終的判決或當作合約。

· 若未達成協議，則審判官會將案情的始末重聽一遍。

· 還有什麼問題嗎？

調處人必定要花時間練習、琢磨開場白，使其有效果又有自己的特色。有幾點要注意：不要為任何事情賠罪，那將會減弱調處人的控制力；不要太長，最多三分鐘；對不同的當事人作彈性回應，避免自己陷入當事者欲求不滿的情緒中；不要鼓勵當事者對保密問題詳加討論，調處人只要時時放在心中即可。

☞ 參與會談

開場白之後就是繼續與當事人雙方進行所謂聯席會議或是公共會議。聯席會議有助於找出事實，討論選擇方案，調整當事人之間的關係，製作建議書，達成協議，並落實你所扮演的角色以及基本原則。在任何時刻了解自己的目的是重要的。當事人常會對別人或你作出反應。調處人的工作就是讓會議能如預期完成。調處人要最先處理的議題項目為何，又如何構想？許多調處人會先從最簡單的議題開始，再來處理最困難的議題，然後再將其他議題一一解決。

有幾個重要的技巧。首先，以目光向發言者示意，讓他們知道你正在注意聽，但那並不表示你就得相信他們。沈默能有效地讓他們琢磨自己的話語，特別是當他們所說的話讓人聽來難以置信時。沈默之後接著就是問「為什麼」，一直問到你有了滿意的答案為止。如果你要當事人之間相互交談，用目光接觸、示意，如此發言者自能意會。

☞ 私下協調會議

私下協調會議（caucus）是指一位調處人與當事者其中一方進行私下會談。如此作法可能的目的有四：

- ・在不做承諾下產生選擇方案。
- ・獲得一些只有在對方信任調處人時才會告知的資訊。
- ・在無庸顧及調處人公正無私的觀念下詢問一些困難的問題。
- ・要問一些調處人認為不得不問的問題，而又不想讓另外一方聽到。

私下協調會議會增加調處人的控制權，但是也會削弱當事人的控制權。調處人應注意你與單方到底私下協調多久了。切勿僅與單方進行私下協議，易使人起疑。

私下協調會議需要加以保密，除非當事人同意可公開結果。只要調處人對當事人將意思表達清楚，通常不會有太大的問題。

☞ **討論終結，草擬結論**

關於討論終結基本上要記住，若調處人已達成協議，切勿遲疑：馬上寫下並完成簽署。不要把協議的範圍擴張而超過可行和解的需要，也不要讓問題懸置，因爲終究要解決。尤其是後者特別需要你的耐心，因爲在作成協議的那一刻當事者都是焦急的。如果在即將作成協議之前事情突然有變，則操之過急的樂觀主義感（Premature optimism）將會造成嚴重的反彈，特別是調處人也有同樣的情緒時情況將更糟。

要記住：

- 給當事人所有權。
- 考慮不將協議結果寫下，但立刻作出處置。
- 一般說來，在達成協議時，調處人儘可能列出實施內容。
- 儘量使協議有前瞻性，注意避免寫成犯罪記錄。
- 在草擬協議結論時要注意到正確性的需求，關於義務的命令，以及介紹用語。

☞ **百折不撓**

如果發現問題不要急著去解決，試試其他的方法。當事人常會比調處人還要先放棄。

10

朱斌妤

調處人資格

在糾紛解決的領域中，調處從業人員迅速增加，並各有所從事的領域，如公害糾紛、家庭糾紛、商業糾紛、社區糾紛等。調處人對於調處程序與結果有相當大的影響，應該如何認定調處人的資格是本章重點。本章將介紹美國 SPIDR 委員會依其經驗提出對調處人員以績效為基準（performance – based）的選員過程與準則（Honeyman, 1992），以及威斯康辛勞資關係委員以角色扮演的方式所作的調查結果 [1]。以資國內訂定相關調處人資格準則之參考。

調處人的工作

Honeyman（1992）指出往來調處所採用的方法皆過於個人化，太過注重於參與者個人的目的及態度，因此難以對調處人的績效做細部分析。因此常用一句耳熟能詳的話「這是一門藝術，而非科學」來草率說明。隨著糾紛解決漸形成功，使得這種態度變得危險。若調處人的績效無法藉由許多標準加以評量，則調處日益增加的職缺將因缺乏可靠的選員方法而難以找到適任的人才。因此經由觀察一些調處人的行為以作成研究後，找出一些調處人共同需要的技巧及能力是十分重要的。

雖然表面上看來，每位調處人做每件事時作法皆不相同。事實上，在某些方面亦有相同之處，尤其在於其遵循相同的行動程序。而調處人之間相對優勢的變化使得我們能夠解釋調處人在風格上的差異。經由觀察可發現，調處人所從事的活動主要可分為五類：

---

[1]　麻薩諸塞法庭基礎（court – based）計畫案將相同的格式以及評分標準應用於重大商業訴訟之調處；夏威夷法庭基礎家庭調處計畫案亦採用之。

☞ **調查研究**（investigation）

所有的調處人皆會在案子開始時以不同的方式對糾紛背後的事實進行深入的調查。大多數的作法是，在座談會中對發言者以及其他成員進行詢問。此時調處人同時執行兩種功能：獲得可靠的資訊，有時當事人不願意提供這方面的資訊；並對那些當事人指出他們的觀點中可能的漏洞。要使發言者能夠詳細說明，除了僅一味擷取資訊外，也可讓所有出席者看出協調者正試著規避過程。表現規避的態度往往能凸顯出那些立場站不住腳者。

☞ **表達同感**（demonstrations of empathy）

所有的調處人皆會採取各種的步驟以試著與爭論者產生同感。這項工作常與調查研究同時進行。每位調處人會讓自己表現得非常想要傾聽當事人或是相關團體所關心之事，並加以討論。

☞ **發明創作**（invention）

試著在一開始時以極低的程度獲得許可，此過程通常相當激烈。雖然調處人以激烈的態度作為開始，就像要守住最後一道防線一般，然而過程卻才是重要的。從開始時當事人就會觀察調處人的脾氣。激烈的過程對當事人來說意味著，調處人因為對爭論議題的了解增加，而提升了自己在獲得許可的自信；以及當爭論議題吸引重要人物重視時，會增加對行動的需要。

☞ **說服**（persuasion）

調處人試著對某一議題建立一套全新的解決方法，或者是一系列可能的解決方案。他們通常會對這些事情加以保留，直到調處人不只是知道當事人的狀況，而且是非常了解之後。即使調處人碰巧找到了正確答案，他們在開始時還是會對當事者採謙遜的態度。經過一、兩次的研究後，調處人往往會依循著在開始時所發明的解決方案來處理後續的所有問題，然而，時常這麼做是錯誤的。

☞ 使人分心（distraction）

　　所有的調處人都發現需要不時使當事人分心。這可說是娛樂的功能；某研究認為這是調處中的雜耍部分。但是使當事人分心並不只是講笑話之類的能力，還需要對紓解緊張的作法再多加分類，以免讓當事者認為只是一些使氣氛變得令人厭惡、使和解困難的行為。

　　基於這些觀點，發展出一套角色扮演的選員審查。下一節將予以討論，其中談到的績效評估準則中，將討論關於尺度的問題。並有一些例子來說明測驗界對績效面的看法。

調處績效尺度

　　績效面通常得自一連串的任務以及完成任務所需之知識（knowledge），技巧（skill），能力（ability），與其他因素（other factors），簡稱之 KSAOs。

　　這些任務以兩個階段進行。為處理專案的需求，需要特殊的技巧及工作，以進行各種的個案；參與專案的測驗專家首先需在調處訓練手冊與工作描述中作出選擇。他們將資料編譯後提交工作小組以進行討論與修正。雖然結果可能並不徹底，但是至少對計畫管理者或是調處人在出發點做思考時有所幫助。

□ 工作

蒐集背景資訊

1. 閱讀相關資料以了解事情背景以及爭論者。
2. 從協調者或其他調處人的個案中蒐集背景資訊。
3. 閱讀法律或其他技術資料以獲得背景資訊。

4.閱讀並跟隨程序、指示、時程、截止日。

促進溝通

1.與爭論者會面並做介紹。

2.對爭論者解釋調處過程。

3.回答爭論者關於調處的問題。

4.傾聽爭論者對問題以及主題的描述。

5.詢問中性的、開放式的問題,以獲得資訊。

6.總結爭論者的敍述並加以釋義。

7.營造氣氛以使氣憤與緊張也能變得有建設性。

8.著重於主題加以討論(而非人格或是情緒)。

9.對當事人表達尊敬與中立。

將資訊傳給他人

1.請爭論者對專家或其他服務蒐集資訊,或是請這類專家加入調
處程序。

2.請爭論者蒐集有關法定權力及求助的資料來源。

分析資訊

1.定義並釐清個案的主題。

2.辨別重要的以及不重要的主題。

3.檢測並說明隱藏的主題。

4.分析在爭論中人際間的動態關係。

促進協議

1.幫助當事人作出選擇方案。

2.幫助當事人評估各解決方法。

3.評估當事人對解決問題的準備程度。

4.強調和解的範疇。

5.釐清並擬定和解要點。

6.清楚地告知當事人可能和解方案的限制。

7.坦率地告訴當事人未作成和解的後果。

案例管理

1.評估案例的範疇、強烈度,以及訴訟事件。

2.徵詢意見以測知所提供的調處服務是否公正或恰當。

3.徵詢意見以決定需從既定情形下之常用作法中作何種修正。

4.適當地將調處結束或展期。

將資訊做成文件

草擬爭論者間之協議。

知識、技巧、能力,以及其他特性

☞ **思考推論**

邏輯地、分析地思考,有效地辨別主題並對假設提出質疑。

☞ **分析**

吸收大量的資訊並轉化成為邏輯觀念。

☞ **解決問題**

對問題產生各種解決方案,並加以評估、排定其優先順序。

☞ **閱讀並理解**

將已有的資料閱讀並加以理解。

☞ 撰寫

用自然的語氣清楚而簡潔地撰寫。

☞ 口頭溝通

凡事說明白。

☞ 非語言溝通

應聲表示回應,以姿勢示意,目光適當的接觸。

☞ 訪談

積極地打探消息以從他人處獲得資訊。

☞ 情緒性的穩定／成熟

在充滿壓力及情緒化的情況下保持沈默與冷靜。

☞ 敏感性

了解各種情緒並作適當回應。

☞ 保持完美

肯負責,有熱忱,而且誠實。

☞ 了解價值

了解對自己及他人最有價值的事物。

☞ 無偏無私

對各種不同的觀點保持開放的心胸。

☞ 加以組織

有效地管理活動、記錄,以及其他資料。

☞ 遵循程序

遵循相互同意的程序。

☞ 獻身投入

對幫助他人解決衝突感到興趣。

績效評估準則

　　使用一組標準化的評估尺度是首要之務，以確保不同的評估者能夠達成合理的協議。Honeyman（1992）所提之尺度可供我們判斷一位調處人在完成最平常、基本的工作時所需要的品質。

　　然而在某個案中一項普通的任務在別的個案中可能就被認為是不必要的。此外，各家庭、社區，以及商業環境皆有所差異。故雖然對某個案是必要的，但是不要在未經批判下就使用這些準則，而要考慮個案的價值與環境並適度做調整。在此沒有什麼是一成不變的。

調查

　　調查是指辨認並尋找與個案相關資訊的效率。

☞ 3 分

　　自然地詢問開放性的問題。傾聽爭論者描述問題及爭論點。對其陳述內容作總結及釋義。找出隱藏的爭論點並加以說明。定義並釐清這些爭論點。表達對個案的範疇、強烈程度、爭議性的了解。透過尖銳的、困難的、令人不愉快的問題蒐集資訊。

☞ 2 分

　　至少能詢問顯而易見的問題。使用個案的資料，但是多少會遺漏一些爭論點或是詢問之道。常常顯得能發現並理解個案的事實，雖然不夠深入、精確。多少會遺漏一些基本事實、原因，或是單方面有興趣之事，以及遺漏某些可能的和解之道。

☞ 1 分

　　只問很少的問題或是問一些不相關的問題。在詢問後續問題上顯得不足。容易受新資訊的控制，或是被腦筋動得快的人所欺騙。沒有

組織地亂問一通，漏洞百出，方向不定。對大部分的爭論點皆無法找出可能的解決之道。

同感

同感是指察覺並考慮他人的需要。

☞ 3 分

建立能紓解憤怒與緊張的氣氛。對當事人表示尊敬及中立的態度。問一些中性、開放性的問題，並虔敬傾聽。適當地使用語調變化、姿勢，以及目光接觸。保持沈默與冷靜。察覺情緒並適度回應。展現開放的心胸。能夠將爭論者的陳述及爭論點以當事人雙方能夠了解的方式重新組織、說明。

☞ 2 分

向他人聆聽且不與其對立。至少能對當事人的優先順序表示一些評價。被要求時才予以幫助，卻失去自願的機會。

☞ 1 分

魯莽地加入討論並向他人提出挑戰。不管他人的警告。將他人的問題認為是其自找的，且不願被其干擾。

不偏不倚

☞ 3 分

介紹及解釋的方式顯然對所有爭論者皆是一視同仁的。傾聽雙方的話。在中立的環境下詢問主觀的問題。表現出正保持著開放的心胸。在非口頭溝通上也不偏袒任何一方。

☞ 2 分

常對所有爭論者表示尊重，但有時所作的詢問以及非語言溝通會讓人覺得較偏袒某一方。試著保持平衡，但是對某一方當事人的目標

及信念顯得較爲了解。

☞1分

因問一些令人誤導的，別有用意的，或是不公平的問題而顯得偏袒。對某一方當事人的不利之處問一些壓迫性的問題。在第(3)級中所列之項目幾乎都作不到。

產生選擇方案

產生選擇方案是指進行共同的解決方案，產生的觀念及提案與個案的事實一致且對雙方皆是可行的。

☞3分

產生選擇方案，並予以評估、排定優先順序。幫助當事人建立自己的選擇方案並與其他選擇方案評估比較。避免在早期就試著要解決。從蛛絲馬跡中察覺問題。找出那些與個案事實一致、不尋常、可實行的解決方案，並加以建議。極力追尋雙方合作之道。

☞2分

至少使提案、解決方案與當事人的觀念之間產生關聯。努力處理當事人建議解決方案，但不追尋獨創的、合作的解決方案。顯然在發展的過程中對個案的事實／問題能有所領悟，然而深度不足。考慮解決共同的問題，卻不加以刺激。

☞1分

操之過急地想要解決，急著在弄清事實之前就下判斷。所持想法無效率又不可行。等待事情自然發生。所作的努力會妨礙找出共同解決方案。

產生協議

產生協議是指將當事人帶往結局並做成協議的效率。

☞ 3 分

幫助當事人評估各選擇方案。清楚地表達可能協議的限制，以及各當事人若未達成協議的後果。強調協議的範圍。釐清協議的重點。詢問困難的問題以彰顯非理性、病態的看法。一致地使用真實性檢測。有效地打破表面上的僵局。自始至終不屈不撓。將爭論點包裝、連結以展現能自協議所得到之互利。

☞ 2 分

所選擇要展現之事以及展現之方式並不與解決方案的目標相容。對所處之情境常能（但不總是）遊刃有餘。重點以及評論能充分地組織並展現；但並非別具說服力。避免問一些困難的問題，以免讓自己以及他人陷入困境中，卻可能要為失去互利機會而付出代價。

☞ 1 分

不提出建言；需要當事人相當的幫助。所展現者與要解決的目標沒有關聯。在措辭上不清楚、難以理解。幾乎沒什麼影響力、說服力。大部分時間顯得沮喪、不舒服。遇到問題或挑戰時容易退縮。幾乎不可信賴。在第(3)級中所列之項目幾乎都作不到。

管理互動

管理互動是指有效地發展策略，管理過程，妥善地處理客戶與專家代表間之衝突。

☞ 3 分

用有效的技巧將當事人的關注從陰沈的、沒有生產力的會談中移開。保持最佳狀態繼續下去，強調過程，不屈不撓。掌握當事人對協議的需要以及彈性的空間。對召開協調會議、展示順序等制定決策，保持理智向解決問題邁進。有效地管理客戶／代表之間的關係。對緊急事件之妥善處理已有所準備。

☞ 2 分

通常能察覺討論已變得不順利，並採取行動補救。不是每次都能使氣氛好轉。對與當事人對協議的需要以及彈性的空間有最基本的了解。控制過程，但是所作決策並不能反映出解決的策略。不控制支配他人，也不被實際上或法律上的複雜度所壓抑。不允許客戶或代表恃強凌弱。

☞ 1 分

幾乎不管當事人的問題，也不去營造愉悅的氣氛。不顧當事人對協議的需要以及彈性的空間。對問題點或提案的討論與達成協議沒什麼關係。在程序及展示上的決定不公平。被實際上或法律上的複雜度所壓抑。允許客戶或代表使用對解決方法會造成反效果的方式來控制過程。

豐富的知識

豐富的知識是指在爭論點與各種爭議的能力。

是否有豐富的知識可從幾個層面說起。調處專家與調處新手所需要的知識就不一樣。有些計畫只有在經過一段訓練後才會使用在此提出之選員工具，有的計畫只做最基本的訓練。有的計畫可能因為某位調處人有速讀的能力，就認為在開始時缺乏後續的知識也沒什麼大不了。因此，我們在選員測驗中並不提倡要使用相當多的知識衡量尺度，並定義當調處人被指派第一個案例時，就有豐富經驗的需要。

一位調處新手要對當事人的種類以及爭論問題有相當的了解，能夠：(1)增進溝通；(2)建立選擇方案；(3)強調提倡；(4)告知當事人有關和解所作決策在現有法律上的資訊。調處新手也要了解計畫的程序，以作最終協議，以及若未達成協議時有哪些其他的選擇可供當事人用以解決紛爭。

評分及管理

　　Honeyman（1992）測驗首先為威斯康辛勞資關係委員會
（WERC）應用於挑選勞資關係調處人。由三位評審對二十五位候選
調處人進行評估。測驗內容是一場四十五分鐘的角色扮演，由有經驗
的 WERC 調處人員扮演管理及聯合小組。測驗被安排在房間內進行，
過程皆有錄影，評審則在隔壁的房間內，兩房間之間以單向鏡隔開，
如此評審能在不影響角色扮演者的狀況下進行觀察。

　　在此測驗中無法保證評審人員不會因文化觀點上的差異，如民族
或性別，而影響評分。為此，特地由一位白人男性、一位少數民族男
性，以及一位白人女性組成評審團。他們都是在威斯康辛勞資關係委
員會有數年資歷的資深調處人。結果發現他們對同一候選者在評分上
的差異與種族、性別等因素沒有關係。

　　受評者在事前需要做許多的準備。在為期四日的測驗開始前先有
半天的預演，來詳細解釋在假設個案中每位當事人在每個爭論點的看
法。在預演中由兩位自願者來扮演考慮周詳的調處人以及對調處、勞
資關係毫無經驗的調處人，以確保此測驗對新人而言不致太難或太簡
單。

　　評審們被告知要將他們的結論填兩次表：一次是在看過每位候選
者之後立刻填寫，一次是在全部結束並經過相互討論之後填寫。候選
者分別在調查研究、同感、說服、發明創作等方面被評分。評審小組
相信這些特質在實務執行上是需要的，卻沒有把握必定能預測出誰比
其他人較為重要，較容易訓練成好手。最後只好由各評審在各衡量因
素所打的成績彙總後得到全體受評者的成績比序。評估的準則是來自
於調處基本理論，並有兩項限制：不評量候選者在使人分心方面的能

力，因為在選員測驗的緊張狀況下該項被認為是過分的要求；也不評量知識的豐富性。無論如何，該測驗多少使候選者增加了有關勞資關係的經驗。

這部分的工作有以下重要考量因素：

☞ **評估者的一致性**

基本上多位觀察者對同一位調處人的看法絕對不會完全一樣。然而對受過訓練、有經驗的評估者而言較容易有一致的觀點（Honeyman et al., 1990）。謹慎挑選評審以及演員是非常重要的，攸關一致性之達成。其為獲得可靠結果的必要條件。

☞ **男女與族羣因素**

男女或是不同族羣協調的方式不同，評審對於這類的差別是否能給予相同的看待。

☞ **設計選擇方案的重要性**

由不同計畫的經驗得知，如果不用心設計出一些選擇方案，不如不要做。然而因為各計畫的資源不同，沒有什麼是最好的答案。

要考慮應該採用變化多端的案例或是困難的案例。在計畫開始時對熟練度的要求不同，結果也將大不相同。要注意，別在不知不覺中加入複雜難解的道德、文化問題。一般說來，所用的個案越複雜，越能評估出候選人是否不需要特別的訓練就能夠處理這類複雜的問題。但是若將複雜的例子重複使用，對那些沒什麼才能但是以前受過類似測驗經驗的候選人來說將較為有利。

☞ **角色扮演控制**

對候選者而言，多做一分準備是非常重要的。如此可避免評審團浪費時間於繁瑣地解釋以及說明遊戲規則，而候選者對於整個計畫以及一些首次接觸的事情亦有較多的了解。比如說，發給候選者一份劇本，讓候選者對角色扮演的各角色在舉止行為、個性態度上更為了

解。或是將一場公開會議的劇情拍成錄影帶，讓所有候選者觀賞。此外，也可為候選者舉辦小組簡報說明會，或是先提供一些有關評估尺度的資料。

有些人認為在案子開始時就應該用以前被選用的候選者來進行角色扮演，這樣的方式比較容易被接受而產生共鳴。然而困難點在於要演得夠長才能讓候選者從所得到的資訊中對解答產生概念。

要注意預先的說明。若沒有這類透露，遲緩的調處人或是缺乏經驗的候選者就可能會因為得不到足夠的資訊而無法展現自己的技巧，而要到後面的階段才能有所表現。此外也能幫助一些不幸的候選者避免發生舉錯一著，全盤皆輸的憾事。

要告知演員調節表演的實際情形，不要去管任何因候選者的機智所造成的錯誤。評審也要想想，沒有必要用直接對立來扼殺了候選者的自信。

對評審或是演員所提供的服務要有不同的最低要求。評審必須是專心的、一絲不苟的、考慮公平的，對於整個計畫的運作及需要有實務工作經驗，並被告知所採用案例的特點。演員要能夠在多次的演出中表現相同的水準。沒有太大的變化。證據顯示許多負責演員工作的調處人在第一批候選者演完後就會開始感到無聊。受過訓練的演員比較能夠提供長時期的表演，但是他們需要接受比有經驗的調處人更多的訓練，以在他們的角色中加入較多的假設和可能情形。

評審與演員應該受多少的訓練顯然是資源與成本的問題。經驗告訴我們評審至少需要受半天的訓練；而演員則應視所演劇情的複雜度及陌生度決定所要訓練的時間。

現場的設置要以目的為準。不是一定要用單向鏡和隔音間來將演員及評審隔開；但是至少要考量減少在現場令人分心的事物，並將還沒測驗與測驗完的候選者隔開。將演出錄影以作為日後檢討以及訓練

之用。在某項計畫中以錄影帶代替實際觀察來當作評估的依據，如此評審就可以依自己方便的時間進行評分，但是不知道這種方法會不會造成評審間意見不一致。

　　角色扮演的即時性使得它不可能顧及所有領域，特別是在調處人的步調緩慢而過程相當冗長的情形。在角色扮演後馬上以口頭發問，對於了解動機與想出可能解答的能力是最有效的評估方法。

　　回饋對調處人以及整個計畫來說皆是非常有價值的，應該儘可能提供。在一些計畫案中發現安排時程是有價值的，如此在每一場演出中演員及評審都能花較少的時間，而能從候選者豐富的討論中觀察更多。此外，在稍後提供候選者與計畫主要負責人就演出及測驗加以討論的機會，其目的有：有助於訓練那些當選者，並增加落選者的技巧，為計畫案保持良好的公共關係，獲得資訊及看法以改進後續的測驗。專案在採用先前專案經驗的同時，也應該提供回饋以作為日後修正的參考。

　　☞ **角色扮演迷思**

　　雖然角色扮演是我們到目前為止在測驗調處人的技巧所發現最好的方法，但並不表示其在所有狀況下都是唯一的、最好的方法。特別是：

- 從角色扮演無法有效地評估寫作能力、組織能力、遵守程序、負責、清廉的能力；要評估清廉以及負責的情形，最好是從仔細地檢查背景、徵信資料著手。要評估閱讀、寫作，以及本質知識，最經濟的評估方法就是筆試，特別是那些申論題。

- 成本的變化相當大，決定於所用劇本能在室內演出的比例以及所需要的演員、評審人數。有一些評估策略可以幫助我們評估角色扮演的成本效益。雖然這些評估策略的發展與管理成本相當低廉，卻需要靠專業人士來建構，否則會因不當的設計造成

更負面的影響。

建構績效衡量工作注意事項

建構一套合適的測試個案，施予評審及演員的教育訓練，以及場地實際的擺設都是非常複雜而花時間的。雖然尚未有標準測驗方法，然而其為不可避免的趨勢。因為各種情況變化多端，因此本節中我們將在一般的需求與已知的問題點上去歸納出自己的經驗。重點如下：

1. 就既定情況而言，角色扮演類的測驗是否是最合適的，還是需要其他的策略？
2. 在評估中是否有採取一些作法來看看在每個評分尺度中對於已經／應該編入的評價是否有一致的看法？
3. 所選用的練習題是否能提供調處人合理的機會去表現出那些該計畫案所要測驗的技巧？
4. 是否有採取一些作法來確保評審已完全了解練習題以及評分尺度？
5. 演員是否經過適當的訓練？
6. 有時調處人可能會提出一些建議或是問一些問題，卻是演員所沒有準備到的，是否有採取一些作法來就此情形預作準備？
7. 所選用的練習題是否有在所有評審及演員到齊的狀況下至少預演一次？
8. 該練習題是否至少包含一種可用來評估獨創力的選擇項目？
9. 已經採取了哪些作法來確保所有的候選者已同樣地獲得了所有的資訊？
10. 是否有提供一些機會讓評審們能參考其他評審的印象而重新檢討自己所打的分數？

11.該練習題的設計是否能讓調處人有機會表現關於計畫案內容的偏見？

未來目標

□ 抽象與摹擬

在目前，對應用於糾紛解決的以績效為基準的測驗而言，其複雜度與成本的來源主要有二：因標準化尚未建立，而都是一些特別訂製的測驗；以及依靠的是真實紛爭的摹擬。長期而言顯然需要抽象化以及簡單化。將個案中調處人技巧的精華之處加以抽象化，以形成專為測驗使用，成本較低廉的環境將是未來工作方向。

□ 驗證評估程序與工作分析的需要

專業的標準需要對設計的程序作仔細地驗證，以評估個人執行工作的能力。使用評估的程序來評估一位調處候選者的資格屬於這個範圍。驗證程序使我們能精確地辨認出那些能使協調成功的個人特質。

驗證可以想成是一個過程：蒐集資訊以支持從評估程序得到的分數所作出的推理。雖然驗證是一個整體的觀念，為進行研究以顯出評估程序的正確性，有三個常被人接受的方法：

☞ **標準相關**（criterion – related）

標準相關（criterion – related）策略是表現在評估程序的分數與工作相關行為的分數之間的關係，最常透過相關係數來表示。

☞ **內容導向**（content – oriented）

內容導向（content – oriented）策略是要證明評估程序要抽出執行工作所要的知識與技巧，包含大部分關於建構評估程序的內容及方

法的資訊。

☞ **構思驗證**（construct validation）

構思（constructs）指對人類的行為特質以及心理上的特質（如推理能力等）在理論上的架構。使用構思驗證來支持評估程序的推論需要兩個步驟：首先證明構思（例如，推理能力）對工作績效而言是非常重要的；其次證明評估程序衡量的是該項構思而非其他構思。

不論要驗證的評估程序是否試著去評估個人執行任務的資格，工作分析（job analysis）是驗證中不可或缺的一部分，尤其是採用內容導向的驗證策略時特別重要。在這個階段是否可進行某項正確的與準則相關的研究還有待商榷，因為大部分解決紛爭的計畫案都沒有對成功的績效充分地建立準則。

在工作分析的過程中，經驗豐富的小組進行檢討與修正，列出調處人的任務、技巧等，各自對每個人相對的重要性進行評分；將指引的績效維度與結果加以比較；為考慮小組對各場調處表演異同點的探討，修正績效維度。

這些研究中沒有一個能保證所產生的評估尺度與測驗建議能與既定的問題有適當的關聯，因為情形各不相同。計畫案若採用本指引來發展測驗，我們目前尚無法保證能達到過去法庭案件所要求的正確度。

□ 發展標準化的測驗法

從過去在解決紛爭領域的花費看來，要發展出容易驗證、容易管理的評估工具時所花的成本越高，研究階段越嚴密，專案就要重新設計以考慮最低要求品質並調整成本。發展一套標準化的「產品」是有可能的，而 ADR（Alternative Dispute Resolutions，解決紛爭之多重替代方式）計畫案就可以購買現成的產品，比起自行開發要便宜多

了。這類的發展性研究可以為 ADR 計畫案帶來數個有用的產品：

1. 工作分析問卷調查（Job Analysis Questionnaire, JAQ），其中包含調處的 KSAOs。
2. 工作分析問卷調查資訊的資料庫，例如，判斷調處任務的重要性。
3. 評估工具（例如，工作樣本、角色扮演，及其他測驗）。
4. 調處績效評量尺度。

而研究主要的發展重點將是在驗證「網路」——在工作分析單元（如小組工作或是 KSAOs）與評估工具間聯繫整合的系統。這類整合系統能藉著管理、分析工作分析問卷調查（JAQ）來讓受測的公司了解所用的評估工具是否對任何 ADR 計畫案的調處工作都有效。在第二階段所得到的實驗證明將會使工作分析單元與評估工具之間產生關聯。

□ 管理與組織

Honeyman（1992）的研究是由測驗設計專案小組（Test Design Project Group）、美國研究院（American Institutes for Research, AIR）以及人類研究組織（Human Resources Research Organization, HPRO）共同執行。三個團體都有參與工作分析與驗證研究。國內如欲推動類似工作，相關組織與管理工作的規劃應該加以考慮。

Zillessen 研究

Zillessen（1992）為了想知道環境保護調處者如何被訓練、如何評估他們的訓練計畫，以及對於德國想要訓練第一批環境保護調處者，他們做何建議等等問題，他寄了三百零三份問卷給一些環境保護

調處者（其中二百七十二人在美國，三十一人在加拿大），有一百零三人回函。

□ 受訪者基本資料

在一百零三份問卷調查回函之中，64%是男性，36%是女性。年齡的分布暗示著環境保護調處者需要相當的生活經驗以處理複雜的衝突。超過36%的人年齡在三十四至四十四歲間，41%的人年齡在四十五至五十四歲間，只有不到5%的人年齡在二十五至三十四歲間。

受訪者都受過很高的教育。31%是大學畢業，30%有專業學位，68%有進修學位。此外，15%的人有雙學士學位，8%的人有三個學士學位。從這些受過教育的人看來，受訪者中的美國人有較高的水準。

□ 受訪者本身所受的訓練

很多環境保護調處者認爲若要變得有技巧，訓練課程是很必要的。在一百零一份的回函中，90%的人都表示他們至少修過一門ADR／調處的課。只有30%的人表示修課只是得到執照的一部分。

在九十四位受訪者中，62%的人上超過八十小時的訓練課，25%的人上過約四十至八十小時。這些上課時數都遠超過法律或州政府對於要得到調處執照所需要上的課。環境保護調處者可自由選擇上更多更深入的訓練課，因爲在環境保護事件，調處多黨間的對話是需要技巧的複雜範圍。

訓練對於在近十年加入這個領域的人尤其普遍。每個年齡在二十五至四十四歲間的受訪者都至少修過一門課。這反應了剛加入這領域的人相信若要作好工作，訓練是必要的。

□ 調處重要技巧

問卷中也問到了六個最重要的技巧，結果分別是：溝通、會見管理部門、會議議程之安排、掌權者之代表、場外協商，以及其他技巧。受訪者認為溝通是第一個要具備的技巧，所以在數字等級中，給它 1.6 分。但「其他項」也不超過 1.7 分。而其他項包含二十七項技巧，從政治／民立本能、互信及互重，到創造力和可信度都有。

其他項種類之繁多可見環境保護調處者要求之高，也同時顯示了設計訓練課程之困難。很多技巧只能從實際經驗中得到，不是從環境保護調處中學到，就是向其他同業學習。新進者也可經由跟著有經驗的同事見習來加強或擴展自己的技巧。

□ 調處人背景因素

被問到調處者的背景可提供自己什麼程度的基礎時，68%說很多，18%說普通，10%說一點點，13%說沒有。

至於被問到哪一種專業比較適合成為環境保護調處的新進者，其中各項比例為：社會科學家（29%）、環保專家（36%）、律師（22%）、科學家（8%）、其他（25%）、沒有特別喜好（33%）。大部分的人傾向環境保護方面的專業，也許是因為受訪者重視實在的知識吧！另一方面，很多人選的「沒特別要哪一方面的專業」或「其他」，顯示了對於學什麼較適合從事環境保護調處的說法並無定論。

□ 調處課程

當受訪者被問道「根據你的經驗，訓練環保調處者的 ADR ／調處課程該注重什麼？」時，環保調處者最好有實用技巧的建議又再度浮現。問卷設計了幾個主題：(1)衝突理論；(2)協商的理論與技巧；(3)

表 10.1

技　巧	範　圍	平　均　值
學習／研究	2 – 50%	19%
角色扮演／模仿	5 – 60%	24%
訓練／學徒之學習	5 – 80%	26%
由工作中學習	4 – 90%	35%

調處的理論與技巧；(4)程序（過程的設計與結構）；(5)環保問題；(6)環保決策的法律、程序，及制度的背景；(7)其他（給受訪者機會寫出問卷上未列出的項目）。

　　大部分的人都選其他。調處者們所建議的其他十六種訓練課程從人類學到倫理學、從問題解決到人與人之間的動力學都有。如此的結果顯示出調處牽涉範圍之廣。依照這樣的情況，訓練課程必須設計得很有彈性才行。

　　受訪者還被問到對於這多元化的訓練課程，他們願意花多少時間參與。調處者指出訓練必須包括教室以外的學習。他們贊成由實習來學習（參見表 10.1）。

□ 其他

　　此外 Zillessen（1992）針對以下三要素調查受訪者意見：

　　☞ 標準化課程

　　在九十四個回答這個問題的人中，只有 25% 的人贊成標準化課程。而其他 75% 的人用一些如「看情形」、「可能」、「也許」、「？」等的詞句來表達他們的不贊成。一些人（贊成和反對標準化課程的人都有）建議一些必修課程。較可行的辦法是規定一些必修課

程，至於選修課則留給想再進一步接受訓練的人。

☞ **智者的指導**

97%（或是在一百零二人中有一百人）的受訪者同意智者的指導。另一方面，只有39%的受訪者本身接受過指導，這顯示了在過去指導是多麼的缺乏。

☞ **證照制度**

最後一個問題是：「是否該有證照制度？」在九十二個回答這個問題的人中，43.5%的人贊成。就整份問卷而言，38.8%的人贊成，50.5%的人反對，10.7%的人沒意見。問到由哪個單位來負責執照的問題時，回答者中的13%說「州政府」，33%說「專家團體」，例如「爭議調解專家團體」（Society of Professionals in Dispute Resolution, SPIDR），5%說一些其他的團體。

□ 小結

最明顯的結果是：應該要有組織的訓練，這樣才有足夠的時間使被訓練者具備學習／研究、角色扮演／模仿、訓練／學徒之學習，和從工作及實習中學習的技巧。至於以上這四種課程該花多少時間來學習，則可等到訓練內容決定後再討論。如今很明顯的是，智者的指導必須包括在訓練裡。

至於訓練的時間，調查結果建議八十個小時的基本訓練。這時數可根據受訓者的經驗而增減。訓練本身應注重技巧本身而非理論，但在德國這個仍對調處很陌生的國家，介紹協商及調處的理論仍是很重要的。

而在挑選受訓者方面，問卷結果沒有特別建議哪一方面專業的人。各地的環保調處者需要法律、行政程序的大量洞察力和基本知識。這並不表示環保專家或律師會比較適合加入調處行列。因為身為

調處者，必須要有社會經驗，而這種經驗在任何一種行業都可訓練。

　　問卷調查的最後一個問題是執照的問題。這個問題需要再討論。只要供給者事業在德國出現，並公開或私下為消費者服務，消費者便會開始要求調處者服務品質的保證。此外，調處者在有關他們日常生活事件上的決策過程中，給市民發言權，由此可幫助民主現代化。

參考文獻

American Educational Research Association, American Psychological Association, and National Council on Measurement in Education (1985). Standards for educational and psychological tests. Washington, DC: American Psychological Association.

Balma, J. J. (1959). The concept of synthetic validity. Personnel Psychology, 12, 395 – 396.

Drauden, G. M. and Peterson, N. G. (1978). A domain sampling approach to job analysis. JSAS Catalogue of Selected Documents in Psychology, Vol. VII, MS 1449.

Honeyman, C. (1990). The common core of mediation. Mediation Quarterly.

Honeyman, C., Mieaio, K., & Houlihan, W. C. (1990). In the Mind's Eye? Consistency and Variation in Evaluating Mediators. Working Paper No. 90 – 21, Program on Negotiation at Harvard Law School.

Honeyman, C., Peterson, N., and Russell, T. (1992). Developing Standards in Dispute Resolution. Paper presented at the 1992 conference of the Law & Society Association.

Honoroff, B., Matz, D., & O'Connor, D. (1990). Putting mediation skills to the test. Negotiation Journal, Z, 37 – 46.

Landsberger, H. A. (1956). Final report on a research project in mediation. Labor Law Journal, Z,(No. 8), 501 – 507.

Mossholder, K. W. and Arvey, R. D. (1984). Synthetic validity: A conceptual and comparative review. Journal of Applied Psychology, 69, 2, 322 – 333.

Peterson, N. G. (1987). Development and field test of the trial battery for Project A, (ARI Technical Report # 739). Alexandria, VA: U. S. Army Research Institute for the Behavioral and Social Sciences.

Peterson, N. G., Hough, L. M., Dunnette, M. D., Rosse, R. L., Houston, J. S., Toquam, J. L., and Wing, H. (1990). Project A: Specification of the predictor domain and selection / classification tests. Personnel Psychology, 43, 247 – 276.

Peterson, N. G., Rosse, R. L., and Houston, J. S. (1982). The job effectiveness prediction system: Technical report # 4, validity analyses (Institute Report # 79). Atlanta: Life Office Management Association.

Society of Industrial and Organizational Psychology, Inc. (1987). Principles for the validation and use of personnel selection procedures. (Third Edition). College Park, MD.

SPIDR Commission on Qualifications (1989). Qualifying Neutrals: The Basic Principles. SPIDR Commission on Qualifications Report. Neutrals: The Basic Principles. SPIDR Commission on Qualifications Report. National Institute for Dispute Resolution.

U.S. Civil Service Commission, U.S. Equal Employment Opportunity Commission, U.S. Department of Justice, & U.S. Department of Labor (1978). Uniform guidelines on employee selection procedures. Federal Register, 43, (166) 38295 – 38309.

11

王維賢

公害糾紛調處篇——
實務案例分析

摘　要

　　在本篇內容中介紹公害糾紛事件之成因、公害糾紛發生時可資依循處理之途徑與法規，以及公害糾紛處理法施行以來，完成建制之中央、省（市）、縣（市）各級公害糾紛處理組織架構及功能，並以高雄市政府之公害糾紛處理相關機構為例，詳述其成立過程及法源依據、權責劃分等；文中並舉出高雄市政府公害糾紛調處委員會所處理之案例，包括龔文住等漁民申請漁具漁筏損壞賠償案，臺電大林電廠排放廢水造成糾紛賠償案，高雄市漁民發展協會與中鋼公司拋置爐石調處案，針對每件個案說明案情、調處過程，並予以檢討分析，以提供類似公害糾紛案件調處之參考。

公害糾紛事件之成因

「公害糾紛處理法」中指出，所謂公害係指因人為因素，致破壞生存環境，損害國民健康或有危害之虞者。其範圍包括水污染、空氣污染、土壤污染、噪音、振動、惡臭、廢棄物、毒性物質污染、地盤下陷、輻射公害及其他經中央主管機關指定公告為公害者。而公害糾紛係指因公害或有發生公害之虞所造成之民事糾紛。

歷年來發生公害糾紛之業別，以石化業之件次居首，次為化工業、垃圾處理業、電力供應、污水處理、材料工業等，歸納糾紛之成因不外：

1. 土地使用規劃不當，工業、商業及住宅區混雜，民宅緊臨污染性工廠，居民不堪承受經常性公害，長期積怨而釀致糾紛。

2. 污染性工廠作業異常或因設備、管線故障損壞之工業安全事故，突發重大污染危害鄰近居民或物產而導致抗爭。

3. 因長期累積性污染致生產環境遭受公害破壞而求償。

4. 居民排拒既有或擬新設之污染源存在於日常生活環境周遭，而羣起向政府或事業者請願或抗爭，例如抗拒污染性工廠、垃圾焚化場、掩埋場等之設立。

5. 公害糾紛泛政治化，個人或團體藉機謀取政治社會資源及勢力，常使糾紛事件更複雜與尖銳。

6. 事業者自發性導演公害糾紛，以遂其關廠規避員工遣散費或變更場地使用分區牟利等之私慾。

公害糾紛處理之管道與體系

□ 公害糾紛處理之管道

公害糾紛發生時,有各種不同的途徑與法規可茲依循處理以解決之。各項處理管道略述如下:

1. 根據污染性質,依「空氣污染防治法」第五十二條或水污染防治法第十一條規定,向地方環保主管機關申請鑑定污染受害原因,並得請求加害者(污染者)適當賠償。
2. 依據民法第一四八條規定,向法院提起民事訴訟,請求公害加害者賠償損害。
3. 由公害之加害者與被害者雙方逕行協商,透過溝通協議而終止雙方之爭執。此途徑係屬民法上之和解。
4. 向鄉、鎮、市、區調解委員會申請調解公害糾紛。
5. 依據「公害糾紛處理法」申請調處、再調處及裁決。

□ 公害糾紛處理之體系

「公害糾紛處理法」於民國八十一年二月一日公布施行後,公害糾紛處理體系中之各組織,得以在該法案之規範下完成建制工作。茲將各階層之公害糾紛處理組織略述如下。

☞ 行政院成立緊急公害糾紛處理小組

「公害糾紛處理法」第四十四條規定,行政院為處理重大緊急公害糾紛,維護公共利益或社會安全,設緊急公害糾紛處理小組;置召集人一人,由行政院副院長兼任之。

☞ **環保署成立公害糾紛督導處理小組**

「公害糾紛處理法」第四十六條規定，行政院環境保護署得設公害糾紛督導處理小組，由內政部、法務部、經濟部、交通部、新聞局、衛生署、農業委員會、勞工委員會及環境保護署指派代表組成，其任務如下：

- 協調有關機關研擬公害糾紛事件之處理方法及對策。
- 提供省（市）、縣（市）政府處理公害糾紛事件必要之支援。
  前項公害糾紛督導處理小組置召集人一人，由行政院環境保護署署長兼任之。

☞ **環保署成立公害糾紛裁決委員會**

依「公害糾紛處理法」第九條規定，行政院環境保護署設公害糾紛裁決委員會，裁決經調處或再調處不成立之公害糾紛損害賠償事件。

☞ **省（市）、縣（市）政府分別成立公害糾紛調處委員會**

依「公害糾紛處理法」第四條規定，省（市）、縣（市）政府各設公害糾紛調處委員會調處公害糾紛。

☞ **公害糾紛敏感地區之地方政府先成立公害糾紛緊急紓處小組**

為使緊急性突發性公害糾紛事件，能結合地方政府各有關機關之力量，迅速介入加以處理，環保署乃依公害糾紛督導處理小組第一次會議結論，研訂臺灣地區各級地方政府公害糾紛緊急紓處小組設置要點草案，經報請行政院於八十二年十月六日修正核定為省（市）及縣（市）政府公害糾紛緊急紓處小組設置要點，於公害敏感地區包括高雄市、高雄縣、苗栗縣、臺北縣、桃園縣與臺灣省政府率先成立紓處小組。

□公害糾紛處理架構

由於「公害糾紛處理法」之宗旨在於能公正、迅速、有效地處理公害糾紛，以保障人民權益，增進社會和諧，故在一般之民事訴訟之外，另於地方政府及環保署分別設置公害糾紛調處委員會及裁決委員會，受理公害糾紛事件之申請，並進行調處、再調處、裁決等處理程序，以消弭紛爭於無形，進而維護社會秩序及政府公信力、公權力。

公害糾紛發生時，可經由前述處理管道以及公害糾紛處理體系中之各級組織協助予以解決。圖11.1為公害糾紛處理之架構圖。縣（市）政府之環保機關接獲公害糾紛陳情案後，會同有關單位實地會勘，鑑定受害原因及損害程度，並協助當事人提出調處申請。而省（市）、縣（市）政府之緊急紓處小組則可主動介入，並督導協調公害糾紛之處理事項。

公害糾紛調處組織──以高雄市政府為例

□高雄市政府公害糾紛調處委員會之成立

高雄市公害糾紛調處委員會主任委員、委員及會務人員之遴聘及調兼，經高雄市長於八十二年十一月二十六日核定，並於十二月三十日完成聘任及派兼。該委員會於八十三年三月一日掛牌並舉行首次會議。

該委員會成立法源如下：

1. 公害糾紛處理法第四條：省（市）、縣（市）政府各設公害糾紛調處委員會，調處公害糾紛。

2. 高雄市政府公害糾紛調處委員會組織規程：中華民國八十二年

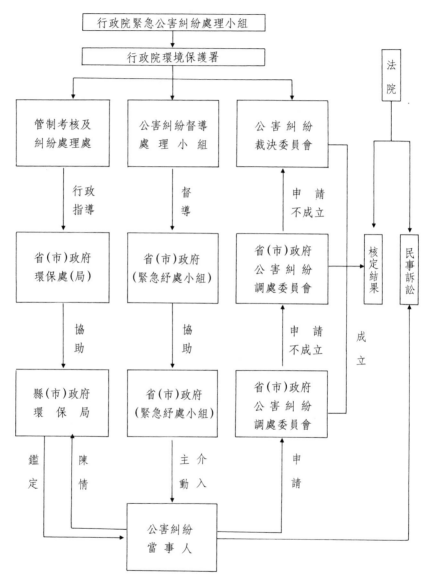

圖 11.1　公害糾紛處理架構

十二月三十日，高市府（八十二）人工字第四一二七五號令發
布。

第一條　本規程依公害糾紛處理法第八條規定之。

第二條　高雄市政府公害糾紛調處委員會（以下簡稱本
　　　　會）任務如下：

一、關於公害糾紛事件之調處、再調處。

二、關於公害糾紛原因及責任之調查及與委託鑑
　　定。

三、關於公害事件調處費、鑑定費之計算事項。

四、接受行政院環境保護署公害糾紛裁決委員會
　　指定調處事項。

五、其他有關公害糾紛調處之事項。

第三條　本會置主任委員一人，由高雄市（以下簡稱本
　　　　市）市長或其指定之適當人員兼任之；委員八人
　　　　至十四人，由本市市長分別就下列人員遴選兼
　　　　之：

一、有關機關代表二人至四人。但其人數不得超
　　過委員總人數之三分之一。

二、環境保護專家學者一至三人。

三、法律專家學者一至三人。

四、醫學專家學者一至三人。

五、社會公正人士一至三人。

第四條　本會委員之任期為三年，連聘得連任。出缺時，
　　　　由本市市長補行遴聘，其任期至原任期屆滿之日
　　　　為止。

第五條　本會執行秘書一人，承主任委員之命處理本會事

務，並置幹事三人至五人。前項人員由高雄市政府（以下簡稱本府）環境保護人員調兼之。

第六條　本會委員會會議每月舉行一次，必要時得召開臨時會議。前項會議以主任委員為主席；主任委員因故不能出席時，由出席委員互推一人為主席。會議之決議除本法令有規定外，應有全體委員二分之一以上出席及出席委員過半數之同意行之；可否同數時，取決於主席。

第七條　本會召開委員會會議時，委員應親自出席。因故不能出席時，不得委託代表出席。但有關機關之代表，得指派代理人出席。前項會議，得邀請有關人員列席說明。

第八條　本會委員對於調處事項涉及本身或其他家屬時，應親自迴避。

第九條　本會委員之解聘，由主任委員報請本府核定後為之。

第十條　本會兼任人員均為無給職。但非本府兼任人員，得依規定支給出席費。

第十一條　本會所需經費，由本府環境保護及編列預算支應。

第十二條　本規程自發布日施行。

□高雄市政府公害糾紛緊急紓處小組之設置

為使近來頻生之緊急性、突發性公害糾紛事件，能結合地方政府各有關機關之力量，迅速介入加以處理，避免抗爭事件擴大，環保署乃依公害糾紛督導處理小組第一次會議結論，研訂「臺灣地區各級地

方政府公害糾紛緊急紓處小組設置要點」草案，經報請行政院於八十二年十月六日以臺八十二環字第三五一六四號函修正核定為「省（市）及縣（市）政府公害糾紛緊急紓處小組設置要點」率先於公害糾紛敏感地區：高雄市、高雄縣、苗栗縣、臺北縣、桃園縣與臺灣省政府等成立紓處小組。

八十二年十一月二十二日高雄市政府五六八次市政會議通過「高雄市政府公害糾紛緊急紓處小組設置方案」：

1. 依據：行政院環境保護署訂定報經行政院修正核定「各省（市）及縣（市）政府公害糾紛緊急紓處小組設置要點」。
2. 目的：主動、迅速處理公害糾紛事件，有效化解環保紛爭。
3. 本小組任務：督導並協調各有關機關於公害糾紛事件發生時，及時採行適切之處理措施。
   ・協調各有關機關間對公害糾紛處理事務分工與權責之爭議。
   ・督促污染性高之產業作好生產與污染防制設備之功能評鑑。
   ・其他有關重大緊急公害糾紛事件之處理事項。
4. 本小組成員如附表（略），其組織如次：
   ・置召集人一人，經市長指定秘書長兼任之。
   ・委員由相關機關召首長兼任。
   ・置執行秘書一人，秉承召集人之指示辦理有關業務。
   ・小組幕僚作業人員由有關機關派股長（含）級以上人員兼任。
5. 本小組運作依設置要點有關規定執行。
6. 本小組人員均為無給職。

□高雄市公害糾紛處理主管機關權責劃分

各級公害糾紛處理機關權責劃分表經八十二年七月五日行政院環境保護署公害糾紛督導處理小組第一次會議討論修正通過，並於八十

二年八月三十日行政院八十二環字第三一三九二號函核定。該劃分表明確規範由中央至省（市）縣（市）各級政府處理公害糾紛陳情之步驟以及各有關機關之分工情形。有關高雄市公害糾紛處理主管機關權責劃分如次：

☞ **公害糾紛陳情案件處理步驟**

- 環保局接獲公害糾紛陳情案件後，先了解陳情原因，並訪問受害人了解污染情形。
- 會同建設局、衛生局等有關機關實地會勘，鑑定受害原因及損害程度查估並作成會勘記錄。
- 對於排放污染物者依環境保護相關法規辦理，並函請其目的事業主管機關督導改善。
- 邀集雙方協商並指導依公害糾紛處理法調處賠（補）償等有關事宜。
- 將處理結果函復陳情人及有關機關。
- 由環保局加強稽查管制，以防污染再度發生。

☞ **公害糾紛案件處理有關機關分工**

公害糾紛案件之處理由環保局召集，會同建設局、衛生局等有關機關會勘，其分工如下：

- 污染之管制：由環保局辦理。
- 污染源之輔導改善：由各目的事業主管機關主辦，環保單位協辦。
- 調查與鑑定：由環保局主辦，建設局衛生局等有關機關協辦。
- 損害程度之查估：由建設局、衛生局等有關機關會同環保局辦理。
- 賠（補）償之調處：由公害糾紛調處委員會主辦，環保局、建設局、衛生局等有關機關協辦。

□公害糾紛事件調處、再調處流程

　　公害糾紛事件之一方當事人，得以申請書向公害糾紛發生地之直轄市或縣（市）調處委員會申請調處。調處事件經直轄市調處委員會調處不成立者，當事人得就同一事件再向原調處委員會申請再調處；調處事件經縣（市）調處委員會調處不成立者，當事人得向原縣（市）調處委員會申請再調處，縣（市）調處委員會於收到申請書後，應速將申請書抄本送達他方當事人，並將該調處事件有關資料連同申請書，送交省調處委員會辦理。再調處之處理程序，準用調處程序之規定。調處或再調處成立者，應製作調處書，於調處成立之日起七日內調處書送請管轄法院審核；調處經法院核定後，與民事確定判決有同一之效力，當事人就該事件不得再行起訴，其調處書得為強制執行名義。

　　公害糾紛調處、再調處之流程可見圖 11.2。

公害糾紛處理案例

　　高雄地區為國內重工業中心，北方有大社、仁武等工業區、加工出口區、中油煉油廠等；南方有臨海工業區、南部發電廠、大林發電廠、中鋼公司、中船公司等以及積極推動中的大規模海岸開發工程，凡此種種導致了層出不窮的公害糾紛事件。高雄市政府公害糾紛調處委員會自八十三年三月一日舉行首次會議以來，即受理多項公害糾紛調處申請案件，茲將其中若干案例處理過程予以說明分析，以提供調處實務上的參考。

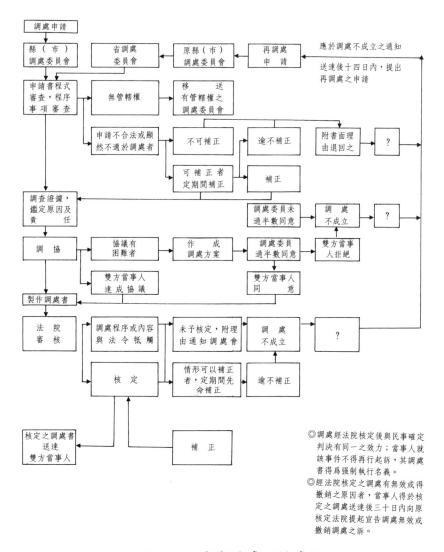

圖 11.2　公害糾紛調處、再調處流程

□ 案例一：龔文住等漁民申請漁具漁筏損壞賠償案

☞ **案情說明**

民國六十九年高雄市政府為解決該市建築廢棄物問題；兼並保護鳳林國中安全，乃設立大林蒲建築物廢棄物處理場，自六十九年至七十六年間未有任何漁業糾紛索償情事發生。歷經數年填埋，原停靠於鄰近沙灘之大林、海澄兩站漁筏已受影響而難以繼續停靠，高雄市環保局為改善舊有直接倒海填築方式，以符環保潮流，乃參酌先進國家（荷蘭、日本）之海岸築堤填埋方法，於七十七年提出大林蒲填海近程計畫，採先圍堤再填埋方式，以妥善解決都市建築廢棄物問題。

由於大林、海澄兩站漁筏位處大林蒲填海近程計畫第一期工程範圍（圖11.3），經評估結果已無法再於此停靠捕魚，高市環保局與漁筏業者經多次協調會，依據協議結論，予以適當拆遷補償，以利工程進行。而第一期工程計畫範圍外之海城、邦坑、鳳鼻頭三處漁筏站乃要求一併辦理，唯高市環保局以其非屬近程計畫工程範圍，無法以補償方式而應採賠償方式辦理，加以漁筏業者難以提出明確受害鑑定證明暨其因果關係，雙方雖經多次協調會議，但因立場差距太大，均未達成協議。

本調處案申請人龔文住係海城、邦坑、鳳鼻頭漁筏業者代表，自七十八年起迭次向高雄市政府索賠未果，懸案多年。高雄市公害糾紛調處委員會（以下簡稱調處委員會）開始運作後，本案申請人於八十三年三月二十一日向調處委員會首次送件，經復文要求其補正，於八十三年五月十一日補件送達調處委員會。

☞ **調處過程**

1.八十三年五月三十一日調處會議達成下列結論：

‧調處案如事涉調處委員、委員本身個案迴避，委員會不必迴

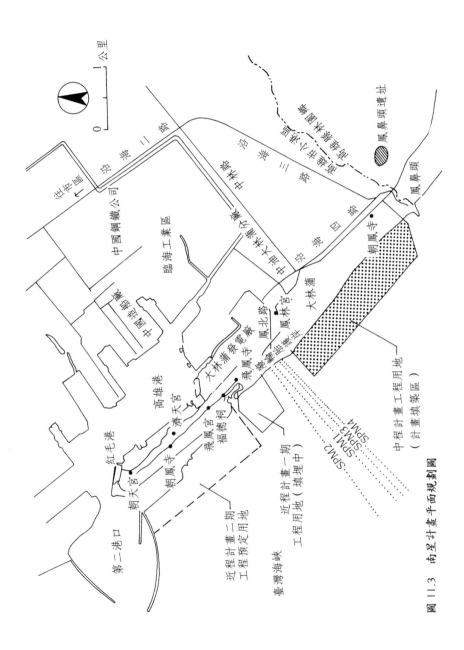

公里

1

0

住市區

沿海三路

中國鋼鐵公司

臨海工業區

中國造船廠

中油大林蒲儲油槽

沿海三路

沿海三路

鳳鼻頭遺址

鳳鼻頭

中油大林蒲儲油槽

沿海三路

中林路

大林蒲

鳳鼻頭

朝鳳寺

鳳北路

鳳林宮

大林蒲麥電廠

鳳凰寺

飛鳳寺

路鐵廠糖

飛鳳宮

福德祠

高雄港

朝天宮

濟天宮

中程計畫工程用地
（計畫填築區）

SPM2
SPM3
SPM4

紅毛港

朝鳳寺

近程計畫二期
工程預定用地

臺灣海峽

近程計畫一期
工程用地（填埋中）

第二港口

圖 11.3　南星計畫平面規劃圖

避。

· 龔文住等漁民申請調處案，係屬舊案，依公害糾紛處理法施行細則第三十七條規定，可免繳調處費。

· 本案需再補正：

　——申請書代表人若委任龔文住先生，需寫委任狀，如不委任，每個申請人都要簽章。

　——補錄影帶等有關證據資料。

　——補請求標的。

　——委員會遴請王委員維賢、陳委員廷棟、葛委員應欽、馮委員國華調查本案原因及證據。

2.八十三年八月二日調處委員會遴派之調查小組審視申請人提供之錄影帶及照片等證據資料，做出第一次調查報告如下：

· 從錄影帶及照片所看為整個大環境的污染，與南星計畫並無絕對直接因果關係。

· 調查小組委員仍會去現場勘查，唯必須龔文住等人申請程序完備才予辦理。

3.八十三年十月二十日經四位委員現場調查後，做出第二次調查報告如下：

· 現勘大林蒲填海計畫範圍區，現場有眾多人垂釣，並有蜻蜓飛翔，未築堤填海區有被海浪刮蝕填土現象，而已築堤填土區無明顯污染海岸。

· 再拜訪龔文住先生，未在，另沿沿岸至現行鳳鼻頭竹筏停靠站現勘，並無申請人所示照片上之垃圾堆，僅有建築廢棄物及疑似鋼鐵廠傾棄之爐石、爐渣。建築廢棄物及爐石、爐渣似乎已棄置多年。

· 申請人之一黃德次先生在場表示：這些爐石爐渣為鋼鐵場所傾

倒，損害其竹筏，應為環保局之管理不周所致。

4. 八十三年十二月七日調查會議結論為請求償漁民補齊明確訴求及完整手續資料，擇期再行調處。

5. 八十四年二月九日調處會議，因出席委員未達半數，致未能依公害糾紛處理法二十七條製作調處方案，另擇期召開委員會再繼續調處。

6. 八十四年三月八日調處會議中，達成下列結論並製作調處方案：

‧本案係屬舊案，已歷時數年，經本委員會成立專案小組進行調查證據、原因及調處協議結果，仍難以具體認定損害情形，亦無法調處成立，咸認為應參考環保局民國七十八年協調會議紀錄所列意見，依照公害糾紛處理法第二十七條規定製作下列調處方案，勸導雙方同意，以利依法處理結案。

‧調處方案內容：

——以民國七十四年三月至七十七年二月實際從事捕魚並有出港記錄之竹筏業者為發給對象。

——發給最高金額新臺幣二十二萬元。

——由環保局會同漁業處、小港區漁會及權責管制哨等單位於調處方案調處成立後三個月內實地查證辦理發給完畢。

——依業者提報之「高雄港竹筏進出港檢查記錄簿」，每月發給六千一百一十二元，該月內有出海記錄者即視同該月有效。

——邦坑、海城、鳳鼻頭三竹筏站（將來計畫實施填海造陸地區）之竹筏業者均併案辦理發給，爾後實施該地區填海造陸工程時，不再辦理補償，大林、海澄兩站已補償者，不再重複發給。（本次發給涵蓋所有申請者之訴求，包括漁

具損害賠償、輔導轉業、收購竹筏及其他因填海工程所造成之一切損害在內，申請人以後不得再對相對人為任何請求。

‧本調處方案送達當事人後四十五日內，當事人未為不同意之表示者，視為雙方當事人依調處方案調處成立。

7.調處方案於八十四年三月二十四日送出，高雄市政府環保局於八十四年五月五日表示不同意該方案，調處不成立。

8.龔文住等於八十四年六月一日提出公害糾紛再調處申請。

9.八十四年六月二十二日召開調處會議，結論為：

‧本案依公害糾紛處理法第三十二條規定再調處之處理程序准用調處程序之規定，調處申請時視為舊案，免繳調處費，再調處申請亦同免繳再調處費。

‧委任書係委任裁決，應探詢申請人之真意，若為再調處申請案件，必須請申請人更正資料。

‧本案於調處時，書件寄送給申請人，書件被退回無法送達，得要求申請人補正身份證影印本，以確認身份及住址。

‧再調處申請人名冊多出黃明修及黃義修，應予刪除。假若將來環保局同意辦理賠償時，再洽環保局，依其行政裁量權辦理。

‧再調處程序與調處程序相同，乃委請陳委員廷棟、王委員維賢、葛委員應欽及馮委員國華為調查小組。由調查小組委員決定是否進行調查或於申請人補足資料後，逕行再調處案之雙方協議。

10.本案申請人於八十四年七月十二日補正資料，確定為再調處案件。

11.八十四年七月二十八日由四位調查小組委員與雙方當事人進行協議，結論為：未達成協議，提送調處委員會開會再調

處。

12.八十四年八月十六日進行再調處會議，申請人代表表示：漁民希望能夠比照第一次調處方案來處理本案，希望環保局能夠再審慎考慮。高雄市政府代表環境保護局表示：本案於調處階段，委員會所製作之調處方案，環保局依程序簽由市政府核定不同意接受調處案，建議爲謀本案之順利解決，請委員會再行研擬具體可行調處方案，供雙方當事人協議會議結論爲：

‧今日出席委員未達半數，無法製作調處方案，擇期再行再調處。

‧於下次會議，相對人市府代表必須提答辯意見以供委員參考。

13.八十四年九月六日再調處會議，雙方達成下列協議，再調處案成立：

‧以民國七十四年三月至七十七年實際從事捕魚並有出港記錄之竹筏業者爲發給對象。

‧發給最高金額新臺幣二十一萬元。

‧由市政府環保局會同漁業處、小港區漁會及權責管制哨等單位於達成協議後五個月內實地查證辦理發給完畢。

‧依業者提報「高雄港竹筏進出港檢查簿記錄」，每月發給五千八百三十三元，該月有出海記錄者視同該月有效。

‧邦坑、海城、鳳鼻頭三竹筏站（將來計畫實施填海造陸地區）之竹筏業者，均併案辦理發給，爾後實施該地區填海造路工程時，不再辦理補償，大林、海澄兩站已補償業者不再重複發給。

‧本次發給涵蓋所有申請者之訴求，包括漁具之損害賠償、輔導轉業、收購竹筏及其他因填海工程所造成一切損害在內，申請

人以後不得再對相對人爲任何請求，本次發給支用科目由市政府環保局配合預算編列情形斟酌辦理。

☞ **檢討與建議**

1. 本申請案爲高雄市公害糾紛調處委員會成立後所受理的第一個案件，對申請案件之相關手續仍略嫌生疏，在申請案提出時未能對申請人予以充分輔導，以致需有後續之兩次資料補正，過程曠日費時，降低調處效率，並易招致申請人反感。

2. 本案申請人自七十八年起即多次向市政府陳情索賠，由於事過境遷，調處過程中雖經調查小組兩次調查，均無法獲得明確的證據及資料，實難以依因果關係從事科學的判斷。

3. 本案係由於高雄市政府推動之塡海工程（南星計畫）所導致。公害糾紛調處委員會部分委員爲市政府各局處首長，調處本案過程中常易予民衆官官相護之觀感，爾後處理類似案件時，應設法予以民衆觀念上之輔導。

4. 本案調處過程中，有關切案情之民意代表積極參與，民意代表參與之動機雖爲服務選民，然其不爲會議成員亦非兩造關係人，依法不應出席發言。但調處委員會工作人員均爲市府環保局人員，且部分委員爲市府各局處首長；爲維持調處會議平順進行，實難以有效約束民意代表在會場的言行，雖對調處結果無實質影響，但多少對會議過程造成干擾。民意代表關切公害糾紛案件似乎是無法避免的現象，如何適度容許其參與且減少對會議的干擾，爲爾後相關調處案値得注意的地方。

□案例二：臺灣電力公司大林發電廠排放廢水造成糾紛賠償案

☞ 案情說明

1. 臺電大林電廠廢水處理場於七十八年二月二十日處理中，因明礬泵故障及液鹼用罄，以致處理不完全之放流水由二號出水口排出，上述放流水因水量少（四百至五百噸）淤積在二號出水口河道，經鄰近養蝦戶抽取地下水使用後造成蝦苗死亡情事，而引起抗議。

2. 七十八年二月二十二日高雄市政府環保局接獲市民電話陳情後，立即至現場勘查，並至五處地點取樣檢驗，將結果分送臺電公司、養殖協會及建設局參辦。

3. 七十八年三月二日養蝦戶以陳情書正式向臺電大林廠及有關單位陳情並索賠損失每戶一百五十萬，共二十七戶計四千零五十萬元。

4. 七十八年三月九日臺電公司邀集民意代表、業者及高市環保局、漁管處人員研議賠償事宜，會中決議由環保局及漁管處進行協調賠償事宜。

5. 七十八年三月二十八日由環保局主持邀請蝦苗業者「研商臺電公司大林發電廠排放廢水造成糾紛賠償協調會」結論為：

• 雙方同意委託臺灣大學漁業試驗所、省水產試驗所臺南分所及高雄市家畜疾病防治所鑑定蝦苗死亡原因，所需費用由臺電支付，並請鑑定單位於最快時間完成鑑定工作。

• 成立十一人仲裁委員會，由環保局任召集人（不參與仲裁）。

6. 七十八年五月十日召開仲裁委員會無法取得一致共識，故建議本案件交由環保署工業公害糾紛督導處理小組辦理（臺電公司

七十八年五月十八日發文）。

7.八十一年四月二十四日環保署以（八十一）環保署管字第一三
五三八號函高市政府：「有關臺電大林發電廠於七十八年二月
二十日排放廢水，有可能造成吉發、明鴻、萬鳳、大亨等四戶
蝦苗繁殖場業者抽取之地下海水遭受污染致蝦苗死亡，求償每
戶一百五十萬元乙案，請貴府（高雄市政府）斟酌其已領取管
線遷移補償費後未自行遷離之適法性研判處理。」又說明本案
經環保署委託鑑定及審查鑑定報告結果：認為僅首開四戶（吉
發、明鴻、萬鳳、大亨）養殖業者有可能造成污染損害，其他
位於電廠出水口以南之其他二十三戶及一號出水口以北之一百
三十二戶業者求償部分，因無法證明有可能受害之情形，不予
調處，請其另循司法程序解決。

8.八十三年元月二十一日吳德美立委服務處張啓清主任與養殖戶
代表及臺電大林電廠廠長、臺電公司發電處梁毅功課長等於大
林電廠召開協調會，結論：

・四戶受害者提出補償費共計五百五十萬元。

・如經臺電公司簽准後，送小港區調解委員會。

9.八十三年二月五日環保署以（八十三）環署管字第○七五四一
號函臺電公司及立法委員吳德美辦公室說明環保署對本案辦理
情形，並建議依法向高雄市政府公害糾紛調處委員會申請。

10.八十三年二月八日臺電大林廠以大林八三○二○一九○Ｗ號
函高雄市政府公害糾紛調處委員會申請調處。調處申請人為
臺電大林電廠戴成振廠長，相對人為吉發、明鴻、萬鳳、大
亨等四戶蝦苗養殖戶。

☞ 調處過程

1.八十三年八月二日調處委員會就本案進行討論，並達成下列兩

項決議：

· 本會接受臺灣電力公司大林發電廠所提之公害糾紛調處申請，並依「公害糾紛處理收費辦法」第四條第一項第一、二款之規定（新臺幣三十萬以下者，繳費新臺幣一千元，超過新臺幣三十萬元至一千萬元者，就其超過新臺幣三十萬元部分按千分之三計算：1000 元＋5200000 元×3%＝16600 元），請臺灣電力公司大林發電廠繳交調處費新臺幣一萬六千六百元整。

· 推派劉委員明哲、黃委員昭峯、陳委員康興、王委員維賢、周委員耀門等五名委員任本案調處委員，並由劉委員明哲任召集人，擇期進行調處。

2. 八十三年九月二十四日召開調處事宜第一次會議，與會之調處委員代表達成下列三項決議：

· 本事件發生於七十八年二月二十日再行蒐證調查恐有困難，是故不再予鑑定原因與責任，以行政院環境保護署委託鑑定結果參考辦理。

· 本會將擇期邀請臺電公司與吉發、明鴻、萬鳳、大亨等四戶蝦苗養殖戶進行賠償協調事宜。

· 請該四養殖戶提出賠償金額之計算依據，以爲協調之參考。

3. 八十三年十月二十二日召開調處事宜第二次會議，由調處委員代表與本案雙方協商，達成下列結論：

· 本次調處會時間不足，留待下次繼續調處。

· 請四養殖戶儘速將損害金額具體數據函送本會轉送臺電公司研議，並請臺電公司於接獲本會函送資料十四日內將研議之結論送本會安排繼續調處。

4. 八十四年二月七日召開調處事宜第三次會議，本案雙方達成協議，由臺電公司大林電廠補償吉發、明鴻、萬鳳、大亨等四戶

蝦苗養殖戶損害金額共新臺幣五百萬元整。

5.本案調處書經高雄地方法院於八十四年三月十四日核定生效。

☞ **檢討與建議**

1.公害發生時，及時趕到現場調查及蒐證應最能掌握事件實況，且可能為調處時之關鍵資料。臺電大林廠於七十八年二月二十日發生未完全處理之廢水外流事件，高雄市環保局於二日後方接獲通報並前往採樣調查，由於時效耽誤，現場狀況已改變，日後環保署雖委託學術單位進行鑑定，但均未能發現對蝦苗有害之證據。

2.四戶蝦苗養殖業者已於七十七年十月前領得抽水管線遷移補償費並具結如期遷移，依法不應繼續在該區抽取地下水，故索賠之適法性值得商榷。唯臺電大林電廠主動提出調處申請，且考慮臺電大林電廠排放酸性廢水影響環境為具體事實，對四戶蝦苗養殖業者可能造成污染損害，故調處委員會仍予以調處。

3.承辦本調處案業務之高市環保局人員周全的前置作業，為本案順利調處成立因素之一。

□ 案例三：高雄市漁民發展協會與中鋼公司拋置爐石調處案

☞ **案情說明**

1. 中鋼公司於六十六年三月二十一日奉經濟部（六十六）礦〇七〇五三號函轉國防部（六十六）射尊字第〇七〇七號函同意於高雄大林蒲與鳳鼻頭（135m×2000m）沿岸海域地帶為爐石填築新生地範圍，並通知當時管轄該地區之高雄縣政府在案。

2.六十六年六月依經濟部核准規定，開始在核准區域內填置爐石

以保護海岸避免遭海水沖刷流失。填築作業前發現早有臨海工業區電爐鋼廠及民間大量傾倒工廠爐石、建築廢棄物，六十七年四月停止填築作業。

3.七十年六月當地居民代表陳情高雄市政府，因鳳鳴里海岸遭海水沖刷流失，影響居民生命財產安全，要求中鋼公司恢復填築爐石工作。七十年六月二十六日由高雄市政府工務局召開「小港區鳳鳴里海岸以中鋼爐石填築位置會勘會議」，中鋼公司遂應要求繼續進行爐石填築工作。

4.七十二年七月中鋼公司曾研擬於該處進行填海造陸計畫，唯因與高雄市政府紅毛港遷村計畫之漁港及社區用地相牴觸，經市政府於七十二年十月十五日召開協調會，決議以市政府紅毛港遷村計畫取代之，中鋼公司原填海造陸計畫因此被迫取消，並隨即停止爐石填築工作。

5.七十三年五月間高雄市小港區公所轉龍鳳里、鳳鳴里函請恢復傾倒爐石，但中鋼公司未同意。

6.本案於八十四年十月十三日由黃信等一百零六人提出，認為中鋼公司於六十六年起迄今，自鳳鼻頭至龍鳳里止約一千六百公尺之沿海地區拋置爐石，影響該處海中生物形態，使漁民之竹筏、漁具嚴重受損，致無法從事漁捕作業，而蒙受鉅損，請求賠償每一申請人五十萬元，總計五千三百萬元，並請相對人回復原狀。經查不符格式，乃以高市府環二字第三六九〇一號函通知補正資料。申請人改以市府社會局高市社一字第八三一〇〇號立案之高雄市漁民發展協會重提調處申請書，並以理事長黃信為法定代理人。

☞ 調處過程

1.案經八十五年一月二十五日公害糾紛調處委員會審議結論為：

請周委員耀門為召集人會同王委員維賢、李委員文智、馮委員國華等四位委員組成專案小組先行調查了解本案之緣由、演進及事實並核提小組意見再議。

2. 經查閱相關資料及現勘後，小組意見如下：

・查七十年六月二十六日小港區鳳鳴里海岸中鋼廢棄物殘渣爐石填築位置會勘記錄，參加人員除軍方外，另有小港區公所、市府建設局、工務局、公共工程處、陳情人等，結論謂：基於保護鳳鳴里等沿海地區居戶生命財產之安全同意填築。

・查七十二年七月二十二日中鋼公司鳳鼻頭沿海傾倒爐石新生地座談會記錄，參加人員有鳳鳴里里長、龍鳳里里長及里民代表數人等，結論中提及：前來開會之里長及里民代表可全權代表當地居民；且同意配合遷移當地居民在沿海所築之井、菜圃及放置之竹筏雜物等，並不得再有新增之事物。其中竟有前述代表出現在本案求償名單中，與申請書內敍明該等居民應負連帶賠償責任有所矛盾。

・查七十三年五月九日龍鳳、鳳鳴里辦公處函請小港區公所洽中鋼公司將廢棄爐石恢復傾倒該里海邊，並副本抄送吳立法委員德美、鄭議員明進、楊議員振添，並請給予中鋼公司必要之協助。

・另查市府社會局高雄市漁民發展協會會員名單，本申請書所列一百零六人中只有三十五人符合，其餘人等並未依照該會組織章程第六條所述經理事會通過且亦未依八十年五月二十七日內政部臺（八十）內社字第九二一〇八號令修正發布之督導各級人民團體實施辦法第三條規定「由理事會於召開會員（會員代表）大會十五日前審定會員（會員代表）資格，造具名冊，報請主管機關備查」，故本申請書一百零六人之法定代理人產生

疑義。

　　綜合上述本案應屬不適於調處者，唯若公害糾紛調處委員會決議接受本案，則依現場調查可見部分建築廢棄物及爐渣、石塊等滑落海中，至於中鋼公司所占比例，建議由公害糾紛調處委員會委請具專業知識之學術機構鑑定之，鑑定費用之來源建議由委員會議中討論並決議。

3. 針對申請書所列一百零六人中只有三十五人符合高雄市漁民發展協會會員之資格乙事，高雄市漁民發展協會於八十五年四月十八日函送其最新之會員名單，經核對申請人名冊（一百零六人），其中名字相同者八十人，但地址及蓋章亦相符者則為六十人，其中林園鄉者八人、旗津區者五人、鼓山區者一人，餘四十六人為小港區。

4. 八十五年四月二十四日高雄市漁民發展協會派人前來核對名冊，最後該協會決定將所有名冊攜回，表示將重新繕造公害糾紛之申請名冊及高雄市漁民發展協會之會員名冊後再送回。於八十五年六月二十二日高雄市漁民發展協會以漁協發字第○八九號函補送變更住址和新加入本申請案之漁筏名冊，經彙整後，本案申請調處共計一百零二人次。

5. 經八十五年五月十六日公害糾紛調處委員會討論，決議收繳調處費新臺幣四千元後，擇期邀請雙方當事人進行調處程序。高雄市漁民發展協會於八十五年七月九日完成繳費。

6. 八十五年十月七日公害糾紛調處委員會討論，達成下列決議：

・請申請人補充說明書內所述「竹筏、漁具嚴重受損」之具體事實及損害程度如何？

・由本會洽詢市府法律顧問有關民國七十二年以前民法侵權行為其損害賠償請求權時效問題。

- 請申請人高雄市漁民發展協會釐清求償名冊中之適格對象。

- 請中鋼公司做好敦親睦鄰工作。

7. 八十五年十二月十日市府公害糾紛調處委員會討論後，達成下列四點決議：

- 本案申請人為「高雄市漁民發展協會」，查其成立時間為八十三年八月二十日，而本案發生時間在七十二年以前，故以「高雄市漁民發展協會」為此公害糾紛事件之一造當事人顯為不適格。

- 依民法第一九七條規定，侵權行為之損害賠償請求權為知有損害及賠償義務之時起二年不行使而消滅，自有侵權行為起逾十年者亦同，中鋼公司於七十二年即停止填築爐石，迄今已逾十三年，故損害賠償請求權時效已消滅。

- 另中鋼公司既係經濟部、國防部函准辦理填築爐石，且亦係應當地里長、居民之同意辦理，故表示不同意賠償。

- 綜上所述，依公害糾紛處理法第十八條第二項規定，本案不予調處。

8. 八十五年十二月十七日以高市環一字第四八四四四號函檢送會議記錄後，高雄市漁民發展協會於八十五年十二月十七日申請再調處，目前本案再調處正進行中。

☞ 檢討及建議

中鋼公司於鳳鼻頭沿岸以爐石填築新生地，初期係依據經濟部及國防部函准而辦理，其後係應當地居民要求，並依高雄市政府工務局會勘決議辦理，過程不僅合法且情理上亦屬正當，然而經長期之海浪沖刷，海岸地形產生變遷，導致本糾紛案發生。爾後推動海岸開發利用計畫時，應有詳盡的事前評估，並在工程技術上仔細考量，以減少對環境的衝擊以及連帶產生之公害糾紛事件。

□案例四：中油公司大林蒲外海洩油事件

☞ 案情說明

本案發生時間為八十五年八月十日，發生地點為中洲外海，中油輸油管線通往第三浮筒岸上開關未關緊，致第一浮筒油輪在裝燃料時，燃料油由第三浮筒軟管脫落處外洩，並擴散至附近海域及海岸。肇事後，臨近各社團、小港區漁會、養蝦協會、漁民發展協會等陸續要求賠償。中油大林廠於八十五年八月十七日提出調處申請書，於八十五年八月二十日送達本委員會辦理。本案簽陳將函請中油大林廠補件，唯奉示：「事關重大公害案件，請先提公害糾紛調處委員會研議再覆」。

☞ 調處過程

1. 本案於八十五年十月七日提會討論後決議受理本案並請補正資料。

2. 中油大林煉油廠於八十五年十月二十八日函文已補正大部分資料，相對人部分共分九大類，總計相關受調處人達一萬六千九百四十八人，唯並未送相對人之委任書或共同利益選定書，依規定需再補正。

3. 中油大林煉油廠八十五年十一月二十八日函送補件資料，資料中顯示本案調處相對人中，大部分已達成協議，並由雙方簽訂協議書。

4. 本案經八十五年十二月十日召開公害糾紛調處委員會討論決議如下：本案兩造業經協議成立並簽訂協議書在案，已無調處紛爭之標的存在，則無從調處，依公害糾紛調處法第十八條之規定退回。並以市府環四字第四八二八號函退回該廠之申請文件。

5. 中油大林煉油廠於八十六年一月二十二日再就未達成協議部分
   提出公害糾紛調處申請，案中相對人部分分五大類團體，人數
   共計九百九十五人，人數眾多，唯並未出具委託書，無代表調
   處對象，難以調處。調處委員會於八十六年三月十九日討論決
   議：原則上受理本案，已選定當事人或委託書之共同利益人部
   分，先行調處。本案目前正進行調處中。

☞ **檢討與建議**

1. 公害糾紛調處委員會設立之精神，乃在於發生公害糾紛時，倘
   雙方意見不能一致，向該會提出調處申請後，始由該會居於仲
   介性質，調處雙方意見趨於一致，如今本案既已達成共識簽定
   協議書，再由公害糾紛調處委員會進行調處，已失去調處之意
   義且有違該會設立之精神。基於前述理由，高雄市公害糾紛調
   處委員會於八十五年十二月十日決議退回本案。但中油大林煉
   油廠並未與所有相對人達成協議，故八十六年一月二十二日中
   油大林煉油廠再就未達成協議部分提出調處申請後，高雄市公
   害糾紛調處委員會即受理申請。

2. 中油公司係經濟部所屬之公營事業單位，本事件發生時，由於
   地方民意代表及索賠民眾之壓力，加上部分漁民以漁船包圍外
   籍油輪阻止其裝卸作業，使中油公司在未經科學的調查與評估
   前，即與部分索賠團體達成賠償協議，爾後面對本事件其他索
   賠對象時，縱使循公害糾紛調處管道尋求解決，也將使己方立
   場削弱，難以迴避索賠者比照前例辦理之要求。同時，也容易
   造成民眾「吵鬧的孩子有糖吃」以及公營事業單位賠償能力與
   意願較高的印象。

結　語

　　公害糾紛調處法自民國八十一年二月公布施行後，各級公害糾紛
處理組織亦於八十三年陸續完成法治化並開始運作，提供國內公害糾
紛事件調處之一便捷管道。審視此調處管道實施迄今約三年左右的成
效，其間當然發揮若干解決公害糾紛事件的功能，然而也暴露出運作
上仍有許多缺失急待改進，最要緊的是各級公害糾紛調處組織盡心地
投入，以建立民眾對此公害糾紛調處管道的信心，不止以達成協議、
消弭紛爭為目標，並期望在調處過程中能維護環境品質，社會公理與
法治的尊嚴。

參考文獻

公害糾紛處理法。

公害糾紛處理法施行細則。

高雄市政府公害糾紛調處委員會組織規程。

公害糾紛調處業務座談會會議資料。

高雄市政府公害糾紛調處委員會會議資料。

12

朱斌妤　汪明生

公害糾紛調處工作檢討

環保署自七十六年八月成立以來，所列管之重大公害糾紛事件計有：七十六年：六件。七十七年：五十四件。七十八年：一百零八件。七十九年：四十二件。八十年：四十四件。八一年：二十四件。八十二年：二十四件。八十三年：十二件。八十四年：十一件。其間，以七十八年所發生之重大公害糾紛事件最多，係因受到七十七年九月間發生「林園事件」個案「反示範」之影響，以致全省各工業區及工廠附近之民眾羣起效尤，希望藉環保抗爭達到個人索賠之目的。七十九年遽降為四十二件，則以政府有鑑於此亂象，遂宣示公害糾紛處理六項原則，重申公害事件必經鑑定屬實，始予賠償，並對假藉環保之名而以暴力圍廠脅迫求償之違法脫序行為，動用公權力予以強制排除，產生嚇阻作用之結果。八十一年以後，一方面因有公害糾紛處理法之公布施行，使公害糾紛處理導入法定正軌，另一方面伴隨地方環保機關之陸續完成建制，對於污染之行政管制措施得以落實執行，再加上業者配合改善污染之意願提高，使重大公害糾紛事件有逐年遞減之趨勢（如圖 12.1 所示）。

公害糾紛調處工作

　　自民國八十一年公布施行公害糾紛處理法之後，臺北、高雄二市及臺灣省二十一縣（市）陸續成立有公害糾紛調處委員會，至民國八十五年九月，全國公害糾紛調處委員會共受理四十三個案件，本章將針對這些案例及調處工作成果作一分析。以下分析以環保署書面資料為主（環保署八十五年度公害糾紛處理工作檢討會書面資料）。

□公害糾紛調處案件分析

　　自民國八十一年公布施行公害糾紛處理法至今，全國公害糾紛調

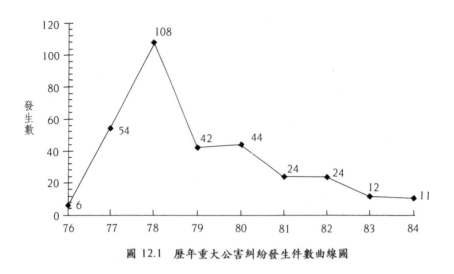

圖 12.1　歷年重大公害糾紛發生件數曲線圖

處委員會共受理四十三個案件，本節針對這些案例之特性加以分析說明。

公害糾紛調處業務現況

臺灣地區各級公害糾紛調處單位共受理調處四十三件案件，再調處案件十八件，裁決案件八件（參見表 12.1），其中：

1. 臺灣省所屬各縣市政府公害糾紛調處委員會受理調處案件共三十七件；臺灣省公害糾紛調處委員會受理再調處案件共十七件；

2. 高雄市政府公害糾紛調處委員會受理調處案件共六件，再調處案件一件；

3. 臺北市政府公害糾紛調處委員會目前尚無受理任何案件；

4. 環保署公害糾紛裁決委員會受理裁決案件共三件。

表 12.1　公害糾紛調處案例統計表

程序別	調處程序					再調處程序					裁決程序			
縣市別 \ 件數	申請件數	成立	不成立	辦理中	其他	申請件數	成立	不成立	辦理中	其他	申請件數	已裁決	裁決中	退回
臺北縣	2		2			2	1	1			1		1	
苗栗縣	13	1	5	7		5			5					
臺中縣	2		2			2	1	1			1		1	
彰化縣	4		4			1					1		1	
臺東縣	2	1	1			1					1	1		
高雄縣	9		7	1	1	5	1	4			4	2	1	1
澎湖縣	2	1			1									
雲林縣	1			1										
臺南縣	1					1				1				
宜蘭縣	1													
臺灣省 總計	37	3	23	9	2	17	3	8	6		8	3	4	1
高雄市	6	1	1	3		1	1	0	0		0	0	0	0
總計	43	4	24	12	3	18	4	8	6		8	3	4	1

備註：1.本表案件統計數字資料自調處委員會成立至 85 年 9 月底止。
　　　2.其他欄之數字表示申請後撤回或被調處委員認為不適調處而予以退回者。

公害糾紛調處案件特性[1]

　　截至本報告撰寫完成之前，部分案例資料尚未最終確定，是以，

---

[1] 以下分析多數參照整理自環保署書面資料，其中因涉及隱私，案件名稱與補償金額略之不加陳述。

表 12.2　公害糾紛調處案例統計表

程序／縣市別	調處程序					再調處程序					裁決程序			
件數	申請件數	成立	不成立	辦理中	其他	申請件數	成立	不成立	辦理中	其他	申請案件	已裁決	裁決中	退回
臺北縣	2		2			2	1		1					
苗栗縣	8	1	5	2		5			5					
臺中縣	2		1	1		1	1							
彰化縣	2		2			1			1					
臺東縣	2	1				1		1			1		1	
高雄縣	7		6	1		5	2	2	0		2	1		1
澎湖縣	2	1			1									
臺灣省總計	25	3	17	4	1	15	4	3	7		3	1	1	1s
高雄市	3	1	1	0	1	1	0	0	1					
總計	28	4	18	4	2	15	4	3	8		3	1	1	1

附註：1. 以上統計資料自調處委員會成立至 84 年 10 月底止。
　　　2. 其他欄之數字表示申請後撤回或被調處委員認爲不適調處而予以退回者。

以下案例分析仍以民國八十四年九月資料爲準，共二十八件案子（參見表 12.2），其中：

1. 臺灣省所屬各縣市政府公害糾紛調處委員會受理調處案件共二十五件；臺灣省公害糾紛調處委員會受理再調處案件共十五件；

2. 高雄市受理調處案件共三件，再調處案件一件；

3. 臺北市政府公害糾紛調處委員會目前尚無受理任何案件；

4. 環保署公害糾紛裁決委員會受理裁決案件共三件。

公害糾紛二十八件調處案件中，於審查程序結案者有兩件，其中

表 12.3　公害糾紛調處案例分析統計表

公害糾紛案例發生時間	調處程序			
	申請件數	成立	不成立	成功率
公害糾紛調處委員會成立之前	4	3	1	75%
公害糾紛調處委員會成立之後	22	5	17	22.7%

一件由當事人主動撤回，一件由於非因公害污染造成而被退回。二十六件中經調處、再調處成立者共有八件，其調處成功率約為三成（30.8%），其中三件為公害糾紛調處委員會成立後發生的新案，五件為委員會成立之前的舊案子。成功案件調處次數平均為一點八次，調處不成功及尚在調處中之案件，平均調處次數為一點八七次。

☞ **依照案件發生時間、性質與調處結果來分析（參見表 12.3）**

・調處委員會成立後發生的新案件有四件，其中有三件調處成功，一件仍在受理中，成功率達 75%。此四件新案成功率高，原因包括案情單純、於損失發生後立即申請調處、掌握時效採樣，鑑定結果較易為雙方所接受，加上有環境影響評估法來規範，顯示出公害糾紛調處如能掌握以上原則，應能更有效解決問題。

・調處委員會成立前發生的舊案件有二十二件，其案情複雜，且涉及當事人多，加上污染事實因事過境遷，當時鑑定或事後鑑定客觀資料闕如，是以僅有五件調處（再調處）成立，成功率達 22.7%。此五件案例成立原因包括當時掌握有鑑定事實資料，加上調處委員努力所致。調處不成立之案例主要原因包括缺乏公害鑑定事實，加上多涉及國營事業（多為中油與臺電公司），如無相關公正鑑定報告證明確有污染，無法貿然同意賠

表 12.4　公害糾紛調處案例類別分析統計表

程序列	調處程序			
污染樣別	申請件數	佔類別比例	成立件數	成立比例
空氣污染	17	60.7%	4	50%
水污染	7	25%	2	25%
廢棄物	1	3.57%	1	12.5%
噪音	1	3.57%	0	0%
其他	2	7.14%	1	12.5%

償。

☞ **污染樣別來分析（參見表 12.4）**

二十八件調處案件以污染類別來分，其中以空氣污染十七件（佔60.7%）為最多，其次為水污染七件（25%）、廢棄物一件（3.57%）、噪音一件（3.57%）、其他兩件（7.14%）。在八件調處成立案件中，空氣污染調處成立有四件（50%）、水污染調處成立有兩件（25%）、廢棄物調處成立有一件（12.5%）、噪音調處成立有零件、其他調處成立有一件（12.5%）。依申請調處案例相對調處成立比例來看，以空氣污染調處成功率最低，十七件中僅見四調處成立（24%），其次為水污染，七件中有兩件（28.5%），由此可約略推論，因這兩類污染案件鑑定工作困難度相對其他類別為高所致。

☞ **依申請人來分析**

二十八件調處案件中僅有四件案例申請人為疑似污染對象（佔25%），同時全為國營事業臺電公司；其餘二十四件（75%）申請人均為民眾，其相對人有五件為國營事業，一件為高雄市政府，其餘十八件為民營企業。

表 12.5　公害糾紛調處案例疑似污染對象分析統計表

程序列	調　處	
（疑似）污染者	申請件數	案件比例
民營企業	18	64.3%
公（國）營事業	10	35.7%

表 12.6　公害糾紛調處案例疑似污染對象分析統計表

補償金額	件　數	比　例
50萬以下	4	50%
50－100萬	1	12.5%
50－100萬	3	37.5%

☞ **依疑似污染對象來分析（參見表 12.5）**

　　二十八件調處案件中有十八件案例疑似污染對象為民營企業（佔64.3%）；其餘十件疑似污染對象為公（國）營事業，比例顯然偏高（佔35.7%），其中臺電有六件，中油三件，高雄市政府一件。然而調處成立案件，民營事業中案例有四件，公（國）營事業案例有四件，各佔一半。

☞ **依請求事項來分析（參見表 12.6）**

　　二十八件調處案件中除了四件國營事業單位要求排除紛爭，一件民眾要求身體健康損害賠償、免費健康檢查與遷廠，兩件為施工造成民房損害要求賠償外，其餘二十一件均為栽種農作物、盆栽與養殖物受損害要求賠償。總要求賠償金額為九千四百四十二萬八千五百七十一元，最高求償金額為四千一百五十萬元，最低求償金額為三萬三千五百七十二元。在八件調處成立案件中，業者僅同意以補償名義彌補

受害人之損失，調處成立八案件，總補償金額爲三千三百二十七萬零九十五元，其中達成協議之補償金額五十萬以下四件；五十至一百萬者一件；一百萬以上者三件，而其最高補償金額爲二千三百二十三萬四千八百八十元。

□ 調處委員會資料分析

臺灣地區各級公害糾紛調處委員會二百九十六位成員中，包括有機關代表一百五十二人（51.4%）、環境保護學者三十六人（12.2%）、法律專家三十六人（12.2%）、醫學專家二十八人（9.5%），以及社會公正人士四十三人（14.5%），請參見表12.7。有十三個縣市以民意代表爲公正人士計二十二人，佔全體委員數7.4%，其中以議員爲代表者有臺中市（三人）、苗栗縣（三人）、臺中縣（二人）、臺南縣（二人）、彰化縣（一人）、南投縣（一人）、嘉義縣（一人）、嘉義市（一人）、高雄縣（一人）、屏東縣（一人）、臺東縣（一人）、宜蘭縣（鎮長二人，國代一人）、花蓮縣（議員一人，國代一人）。

根據相關研究（朱斌妤與汪明生，民85）問卷調查結果顯示，社會大衆心目中調處委員之順位爲學者專家、政府機關代表、社區公益人士，學者專家中又以環境工程、公共衛生與醫學三個領域爲最受歡迎，有近七成的受訪民衆認爲民意代表與村里長並不適合擔任調處委員，由此看來，現階段公害糾紛調處委員會二百九十六位成員中，政府機關代表與民意代表的比例顯然偏高，而學者專家（33%）比例偏低，而容易影響到公害糾紛調處委員會的公信力。

是以公害糾紛調處委員會應大幅提高學者專家之比例，環保署修法方向亦朝向此方向。

雖然學者專家爲調處委員的第一人選，然而本研究就二十八件調

表 12.7　公害糾紛調處案例疑似污染對象分析統計表

	機關代表	環境保護	法　律	醫　學	公正人士	共　計
臺灣省	6	2	2	1	0	11
臺北市	7	1	2	2	2	14
高雄市	6	3	3	2	2	16
基隆市	6	3	3	0	1	13
新竹市	6	1	1	1	0	9
臺中市	8	2	2	1	3	16
嘉義市	6	1	1	2	1	11
臺南市	8	2	1	1	2	14
臺北縣	8	2	1	1	1	13
新竹縣	8	2	2	1	1	14
苗栗縣	7	1	1	1	3	13
臺中縣	8	1	1	1	2	13
彰化縣	8	1	3	1	3	16
南投縣	6	1	2	1	2	12
嘉義縣	7	2	1	2	2	14
臺南縣	7	2	2	2	2	15
高雄縣	7	2	2	1	2	14
屏東縣	9	2	1	0	1	13
宜蘭縣	6	1	1	2	5	15
花蓮縣	7	2	1	2	3	15

表 12.7　公害糾紛調處案例疑似污染對象分析統計表(續)

	機關代表	環境保護	法　律	醫　學	公正人士	共　計
臺東縣	5	1	2	2	3	14
澎湖縣	6	1	1	1	2	11
小　計	152	36	36	28	43	296
百分比	51.4%	12.2%	12.2%	9.5%	14.5%	100%

資料來源：公害糾紛處理政策與法制之研究，行政院研考會，民 84 年 11 月。

處案例調處委員出席比例情形來分析，學者出席次數比率約為四成，同時以實際出席人數來看，機關代表資格之參與人數比例較學者專家為高。不過若以總委員數來看，因機關代表人數眾多，相對出席參與之比例反而不如學者，在學者專家人數不足的情況，以致大部分案件由學者肩挑調處重任，而可能影響整個委員會運作與其效率。

公害糾紛處理法修法

□公害糾紛調處業務座談會

　　公害糾紛處理法及細則公布施行四年餘，由於公害糾紛樣態與訴求內容日趨多樣，因此亟需以過去實證經驗，參酌國外法規並修正以適用國內民情，以使其更切乎時代需求，有效發揮法制功能。

　　有鑑於此，行政院環保署委託「臺灣產業服務基金會」自八十四年十二月十四日起至八十五年二月九日，於臺北、高雄二市及臺灣省二十一縣（市）辦理二十四場「公害糾紛調處業務座談會」（含省再調處委員會），邀請地方公害糾紛調處委員會調處委員、工作人員、

地方環保機關公害糾紛處理業務承辦人員參與。

　　座談期間有公害糾紛調處業務報告、案例研討及意見交流、公害糾紛處理相關法規與政策說明，一方面可經驗分享，另一方面可增進中央環保主管機關與地方調處委員會間之雙向溝通與意見交流，並作為公害糾紛處理法規修訂之依據。

　　部分座談結果顯示，調處委員認為臺灣地區環境污染以空氣污染、水污染與廢棄物問題為最嚴重，而認為調處工作有關鑑定、法規與政策面、與溝通協調為最重要；調處失敗之原因則首推鑑定工作不足所致，其他原因則包括有雙方認知差距太大、政治因素或地方派系介入等。綜合環保署公害糾紛調處業務座談會執行成果報告（財團法人臺灣產業服務基金會，民 85）與本研究調查結果，提出現階段調處業務相關問題與可能解決方向。

公害糾紛調處業務執行及管理方面

1. 調處案件中，僅30%調處成功，成功率低，應為太多舊案件所致。

2. 現行公害糾紛處理法，受害人不申訴或被告不來調處即無法可施，應透過公權力及行政上的介入來加以處理。

3. 現任調處委員全為兼職，但事前調處準備工作需時甚長，應設法改進，以控制或加速案件處理之時效性。

4. 相關單位主管應避嫌，以求公正客觀。

5. 目前調處首重善意回應及和解，而後才談責任歸屬。應調處與鑑定（責任歸屬）並重，同時進行。

6. 調處委員會或鑑定小組應可由兩造當事人選擇雙方信賴者組成。

7. 部分公害糾紛調處委員會無法依賴地方本身之權限，獨當一面

處理，而事事向上級求助的現象，致引人對其能力及時效性不信任，應設法改善。

公害糾紛調處業務執行及管理方面

1. 調處案成立後，應儘早成立檢測小組，從事蒐集樣本等前置作業。
2. 部分鑑定委員成為變相接案，建議成立專責公害鑑定機構及設置專業人員並加強污染監測及鑑定技術。
3. 針對公害鑑定費不足時，鑑定工作無法繼續進行的問題，政府提撥經費成立基金會，再由基金會支付鑑定費用。

調處委員成員資格與訓練

1. 調處委員應有相關機關、環保團體、產業界及學者專家等各方代表，且學者專家應佔大多數，但不應受專家學者佔三分之二之限制。
2. 希望環保署能多提供案例研討與模擬演練，增加調處委員之處理能力及技巧。

法規問題

1. 現行法規無過失責任制，造成申請者欲舉證廠方故意過失相當困難。
2. 公糾法第五條增設專任委員立意甚佳，但對於無案件之縣市（三年來，共有十三個調處委員會無案件），會形成人力之浪費。
3. 公糾法並無明文規定賠償標準，造成調處工作的困難。

加強調處機制之宣導

1. 仍有多數民眾不清楚或不知道公害糾紛調處法及既有調處申訴管道，中央與地方均應透過傳播媒體宣導加強其教育宣導工作。（例如利用中視週日上午十一時至十二時「電視法庭」節目，以單元劇配合學者專家座談，宣導環保、法律知識。）
2. 應加強環境教育，並規劃持續性之教育目標與方案，同時政府、媒體及民間環保團體更應攜手合作，擔負此社會責任。

□公害糾紛處理法細則部分條文修正

現行公害糾紛處理法，自民國八十一年二月一日公布施行後，各級公害糾紛處理機構均已依法完成建制，並正常運作，處理公害糾紛事件；惟以本法係初次頒行，其制定之初尚乏實證經驗，於實際運作上，難免有所疏漏，復以隨著近來社會、政治、經濟環境之變遷，公害糾紛之態樣與訴求內容業呈多樣化風貌，本法於適用上亦感未周，是故，為妥善適應社會生活需要，因應公害糾紛發展趨勢，亟須以具體實踐經驗為鑑，斟酌我國法制民情，並參考先進國家之相關法制，進行本法部分條文之修正，俾使我公害糾紛處理制度能益趨完善，爰針對實際需要，修正公害糾紛部分條文（第五、第十八、第三十、第三十八、第四十一、第四十四及第四十五條）並於民國八十七年六月三日公布。

13

王萬清

環境問題與人類行為

前　　言

Veitch 與 Arkkelin（1995）認為環境科學家對地球都抱持著五種假設：

1. 地球是唯一適合我們棲息的地方。
2. 地球的資源是有限的。
3. 地球是一顆行星，深受生命之影響。
4. 人類對土地的使用結果有累積的傾向，因此，有責任使未來產生最小的負面效果。
5. 維持地球上的生命是一種生態系統，而並不是個體組織或羣體。

但是，由於人口增加、資源耗竭、環境惡化，促使人類在棲息的地球大肆開發，浪費資源，破壞生態系統，使土地貧瘠，整個地球的生態產生急遽的變化，人類忽視環境的行為，不斷造成棘手的問題，諸如民國八十五年賀伯颱風的雨水沖刷山坡地，造成橋樑斷裂、房屋傾倒；桃園縣、高雄縣市的垃圾衝突；高雄煉油廠的圍廠事件及公害賠償，乃至興建焚化爐的種種抗爭活動……對地球所遭受的迫害，彷彿視若無睹，或漠不關心，到底是誰錯了？是政府的政策？還是執行政府政策的機構？或是各階層市民不能配合？還是環境科學家的假設錯了？

一九九六年九月，國際標準組織正式發行 ISO 14000 系列標準的擬訂，藉以喚起生活在地球上的人類，必須擔負起維護地球給予人類的共同資源的責任，讓地球上的自然環境得以供給世世代代的子孫永續經營利用。瑞士洛桑國際管理學院（IMD）更以環境保護做為評定國家競爭力的項目之一，足見環境科學家的努力在國際間受到高度的

認同。臺灣地區在環境的保護和管理上，應勉力盡一份身為地球公民的責任。

環境壓力與人類行為

當人們長期處於環境訊息負荷過高或過低時，人們無法預測也不能控制環境的變化，因而產生無助的感覺，這就是「環境問題」所引起的「環境壓力」。

Green（1990）提出環境壓力的操作有三個階段，第一階段是從環境中輸入一個與個體有關的問題事件；第二階段是個體察覺到事件存在的事實，並進行威脅程度和風險的評估；第三階段是對壓力產生心理反應。

可形成環境壓力的環境問題有四種：

1.自然界或國家社會的變動事件。

2.生活中的重大事件。

3.通勤、擁擠等日常生活瑣事。

4.聲音、濕度、氣味、照明等潛在環境的過度刺激。

本節即依此環境壓力的來源，分別闡述自然災害與科技災難、空氣污染、垃圾、噪音等環境問題。

□ 自然災害與科技災難

自然環境的災害會在人們心中留下創傷，引起恐懼、焦慮和退縮，但是，卻很少人會因此而採取預防的行動。從水災劫後的居民如何理解洪水的反應來看，親身經歷洪水的人，比較可能預期再發生類似的災害，並採取預防措施。但也有人不相信還會有水災，因為他們認為，依據他們對種種的信仰或防洪計畫，就可以得到保護。此外，

根據 Rochford 與Blocker 在一九九一年的研究發現，認為洪水在人類控制之下的人，比較可能積極防止洪水再度發生，認為洪水不可能控制的人，只注意情緒的調整，不會積極參與預防工作。而且，人們可能會因為經濟和其他理由而決定留在危險地區，當然，由於社會限制的因素，也會使人們無法離開居住多年的地區（McAndrew, 1993）。

其次，科技災難所產生的環境壓力，對人們的影響可能比自然災害更嚴重，因為科技災難的傷害具有模糊性和不確定性（Freudenburg & Jones, 1991），因此在意外發生之後，人們對生活缺乏控制感，對需要持續力的作業表現比較差，並出現多種壓力症狀。根據 Veitch 與 Arkkelin（1995）的分析，自然災害與科技災難之比較，在事件的大小上，自然災害的範圍是大範圍的地理區域。在受影響的人口比率上，二者均直接影響每一個在鄰近的人。在能見度上，自然災害能明顯的看到環境、家庭、事業受損；科技災難則往往是不明顯的。在牽連的速度上，自然災害往往是突如其來，科技災難則可能是意外發生居多。在牽連的期間上，自然災害往往在短暫的發生之後，雖然一切事務變得更好，也會心有餘悸；科技災難也許是短暫的，但需視科技之污染或影響而定。在知覺上，自然災害並非像一般能控制的觀點，科技災難則像失去控制的普通知覺。因此，自然災害具有大範圍，明顯易見，突然發生，事件過後仍然心有餘悸，無法有效控制的特徵，科技災害則具有較小範圍，不明顯，意外發生，牽連期間要視影響而定，失去控制等特徵。

□空氣污染

望著都市上空的光化學煙霧，取代藍天白雲，再加上溫度逆增，使煙霧積聚在一定的高度上，人們開始感到空氣污染的嚴重性。當二氧化碳、沼氣、氯氟（CFCs）、臭氧（O_3）使地球產生溫室效應，

平均溫度上升，造成全球變暖的現象，人們開始注意到空氣污染對地球的生態產生巨大的影響。

根據研究結果，空氣污染對生理、心理均有傷害，長期暴露在空氣污染的環境，會導致肺功能損害，支氣管炎、肺氣腫、支氣管哮喘、肺癌；短期則是頭痛、發疹、易怒、痙攣和死亡。

在心理方面，即使是低度的空氣污染，也對心情、反應時間和注意力集中有負面影響，煙霧濃度較高和家庭糾紛事件的增加有關。一氧化碳使時間判斷、反應時間、手的靈巧度和警覺性受損。

更不可忽略的是，臭氧層破裂，易導致皮膚癌、白內障、免疫系統障礙、農作物和水生植物的損害。溫度效應持續惡化，海洋會被洪水淹沒，陸地會出現廣大的沙漠。

然而，人們可能在剛開始發生的時候，或程度突然增加、發生危險時，才會明顯察覺空氣污染的存在，過了一陣子，又變得「習以為常」，因此，在未出現危險訊號時，人們通常是採取認命的態度，很少有人會主動關心，或造成政治活動，企圖改變空氣污染的狀態。

□ 垃圾處理問題

臺灣地區每人每日平均垃圾量，在民國七十三年是零點六七公斤，民國八十三是一點一二公斤，民國八十四年是一點一三公斤，預估民國八十八年是一點三七公斤，民國九十一年是一點五九公斤，對臺灣地區而言，實在是一項沈重的負擔（環保署，民85）。

政府不斷地尋找垃圾的堆放場所，或興建焚化爐，都很難滿足垃圾處理的需求。因此，在垃圾的處理上，加強「再循環和重複利用」或「生產只需要耗用較少資源且產生較少廢物」的產品，可能是比較好的策略。

在「再循環和重複利用」的策略下，需要激勵人們願意處理垃圾

分類或不隨地丟棄垃圾。

依據研究來看，丟垃圾的年輕人多於老年人，男性多於女性，住在鄉下的人多於城市居民，單獨一人多於團體中的人。打獵、釣魚、露營、駕汽艇和划水的人經常丟垃圾，從事賞鳥、自然散步、划獨木舟的人最不可能丟垃圾，打高爾夫球、野餐和開車觀光的人則次之。

由上述研究結果而言，丟垃圾的行為並非簡單的行為，不但和人口變項有關，也和休閒行為有關。因此，在人類活動的場所，有必要採用「提示」的方法，促請人們隨時記得如何處理垃圾，以免造成環境問題。

關於提示的方法，依學者的研究結果，有下列比較可行的方法：

1. 在清潔的地區，增加垃圾桶的數量。
2. 多用肯定敘述，如：請幫忙……；少用否定敘述，如：請勿亂丟垃圾。
3. 在公共場所提供處理垃圾的便利方法。
4. 使用特定的提示，如：請把垃圾丟在後方的綠色垃圾桶裡。

這些方法除了有助於澄清社會規範之外，更重要的是提醒人們做出符合自我形象的行為。當人們樂於親自處理垃圾，則有助於回收可利用的資源，提供產業界再製的材料，減少不必要的資源浪費。然而，由於下列十二項問題尚未解決，回收的處理，仍未達到盡善盡美（環保署，民85）：

1. 現行回收辦法不夠周延。
2. 缺乏經濟誘因。
3. 物品設計，製造時未考慮減廢及回收。
4. 缺乏回收後物品再利用之設施及技術。
5. 製造、輸入、販賣業者缺乏對資源回收再利用責任之體認，缺乏主動推廣精神。

6.回收點不夠普及，嚴重影響消費者配合意願。

7.再生利用工廠產生污染。

8.再生利用產品之市場不易開發。

9.無適當土地可貯存。

10.缺乏賦稅上的誘因。

11.車輛報廢管理制度缺乏強制力，造成廢棄車輛之處理效率低落。

12.進口廢料影響回收市場。

由上述問題內涵可知，資源之再利用仍有一段很長的路要走，因此，產業界若能生產只需較少資源且產生較少廢物的產品，可能比回收再利用更有利於減少環境問題。

□噪音防制

噪音是一種心理概念，同樣是一種聲音，在不同的人，不同的時間，不同的地點所形成的判斷，都可能因爲是當時人們不想要的聲音，而被判定爲「噪音」。

一般人對噪音的適應能力很強，往往能在短期間內獲得調適。但是，對於特殊的噪音來源，長時間持續出現的噪音，及不可控制的噪音則比較難適應。其影響情形按分貝數來說，聲音的強度在90分貝以下，對工作不會產生干擾，超過90分貝，直到125分貝以上，聲音的強度過高，就會產生痛的感覺，使個人的工作效率減低。按噪音的持續性和可控制性來說，間歇而不可預測或不可控制的噪音，需要較長的適應時間，對工作的效率有影響。長期生活在持續性高的噪音之中，語言能力、注意力降低，侵略性行爲卻增高。

按工作性質來說，需要集中注意力、記憶、同時注意多件事情或保持警覺的作業最容易受影響，視覺判斷作業、搜尋作業和需要力氣

和靈巧度的重複手工作業比較不受噪音影響。

　　按學業成就來說，住在機場、高架鐵路附近或交通繁忙街道的小學生的數學成績較低，問題解決能力較差，也比較不持久。

　　按臺灣地區的噪音陳情案件（環保署，民85）來看，娛樂營業場所27.16%，營建工程15.83%，擴音設備佔10.66%，近鄰噪音12.52%，交通噪音0.62%，軍事機關0.09%，足見一般長期持續的噪音是一般人較不能忍受的。但是，交通噪音對生活的影響也是持續的，卻較少陳情案件，或許是習以為常，已能適應。

環境問題與系統反應

　　造成壓力的環境問題，對個體而言，都是一些刺激的訊息，從刺激過濾的觀點來看，當個人能有效的過濾無關的環境刺激時，比較不容易被激發反應，他能在充滿騷動和噪音的環境中工作，在擁擠、充滿音樂的環境中讀書。當個人不能有效排除不必要的刺激時，則容易接受過多的感覺訊息，承受過大的環境負荷，因而需要安靜不受干擾的環境才能專心工作或讀書（McAndrew, 1993）。從行為主義學派的觀點來看，當個體面對各種刺激時，同時產生一種制約歷程，其歷程如圖13.1。

　　個體生存的環境中，充滿了各種氣味、熱和噪音等刺激，這些刺激會產生厭惡、舒服、精神錯亂的反應，前者稱為非制約刺激，後者稱為非制約反應，亦即是說上述刺激、反應是自然產生的，不是經過設計或無意中聯結的結果。然而，當非制約刺激出現時，若同時出現廢物的處理位置、熱水浴室、新辦公室等圖片或構想，則可能與非制約反應產生聯結，稱之為制約，例如：氣味的刺激產生厭惡的反應時，出現的廢物處理位置，則可能形成一想到廢物的處理位置即產生

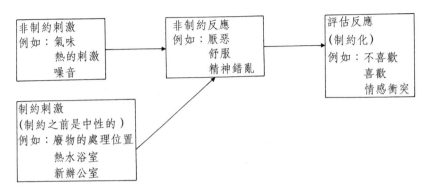

圖 13.1　環境的情緒成份制約

厭惡的反應，然後，對厭惡的反應做成不喜歡的評估。

　　噪音會使人精神錯亂，不能集中精神辦公，因此，若在噪音與精神錯亂聯結的同時，提出新辦公室的構想，或是在新辦公室之中，則容易使新辦公室與精神錯亂產生刺激、反應的聯結，因而對新辦公室造成情緒衝突的評估反應。

　　這種制約反應的聯結，可能就是焚化爐、垃圾處理場，受民眾排斥的主要原因。因此，若要民眾改變對焚化爐、垃圾處理場的印象，在制約反應上，要在想到垃圾處理場時，同時出現優美宜人的畫面，或想一幅優美宜人的畫面，再交替出現美化的焚化爐、垃圾處理場，從認知學派的觀點來看，當個人知覺到壓力源時，即產生評價和因應的措施，其歷程如圖 13.2。

　　當自然災害、科技災難、噪音、水污染、空氣污染、垃圾、惡臭存在個體所生活的社區，個體可能對這些壓力源毫無知覺，或感覺強烈的不愉快，或因壓力源逐漸增加，而知覺到事態不尋常。然後，開始對其所知覺的壓力源進行評價，衡量壓力源所產生的問題對人類產生多大影響，對自己有多大威脅，對將來有多大不利……再運用物理的因素和心理的因素，對壓力源採取因應的措施。物理的因素諸如隔

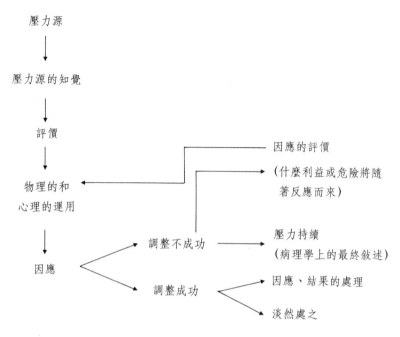

壓力源

↓

壓力源的知覺

↓

評價

↓

物理的和
心理的運用

↓

因應

因應的評價

（什麼利益或危險將隨
著反應而來）

調整不成功 ── 壓力持續
（病理學上的最終敘述）

調整成功 ── 因應、結果的處理

淡然處之

圖 13.2　壓力反應包含第二層評價過程
資料來源：Monat & Lazarus, 1977。

音工程、消毒、淨化，心理的因素諸如自我調整評價的標準、拓寬知
覺閾、管理情緒、平和的提出改善的意見等，因應的結果若成功則可
能淡然處之，或處理因應的結果。若調整不成功則壓力源持續存在，
直到成為個體病理學上的原因之一，或對前階段，運用物理的和心理
的因素所採取的因應措施進行評價，考慮有何利益或危險會隨之而
來，以便修改因應措施。因此，個體的知覺、評價、因應系統是對壓
力源反應的重要關鍵。若要個體對壓力源產生適當的反應，就要增加
知覺的敏感度，正確的環保評價系統，及有效的因應策略。

　　最後，從 Veitch 與 Arkkelin（1995）的環境與有機體互動模式（如
圖 13.3）來看，環境中的物理變項影響人類行為的途徑，是先透過
社會情境變項及個人變項的調節，增加或減少場所的衝突，再經過個

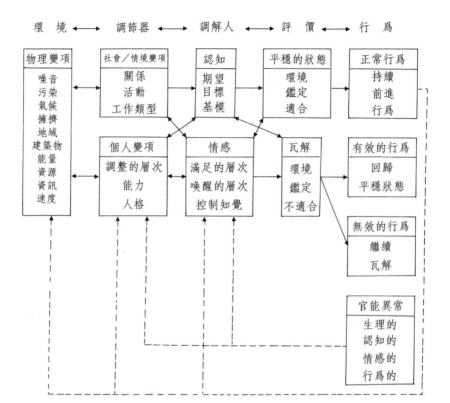

環　境 ←→ 調節器 ←→ 調解人 ←→ 評　價 ←→ 行　為

圖 13.3　環境與有機體的互動模式

人的認知和情感對環境條件的反應，然後，依據評價的歷程，形成平
穩狀態的評價，產生正常的行為反應，或形成瓦解的評價，產生有效
的行為，再回歸到正常的行為反應，或產生無效的行為，造成生理
的、認知的、情感的和行為的官能異常。然後，正常的行為反應、有
效的行為反應，或官能異常又分別回饋到環境中的物理變項，調整媒
介的社會／情境變項、個人變項，及個人的認知和情感，使環境與有
機體之間形成生生不息的互動。由環境與行為互動過程來看，環境與
行為的互動中，包含了物理變項、社會／情境變項、個人變項、個體
的認知和情感及評價過程。其中物理變項、社會／情境變項、個人變

項、認知、情感與正常行爲之間交互作用，形成一個循環，社會／情境變項、個人變項、認知、情感和官能異常之間交互作用，形成一個循環。以勞工的工作環境爲例，當勞工投入工作時，環境中的物理變項若充滿噪音、空氣污染、擁擠、複雜的資訊，其社會情境變項又需注意工作中的互動關係，個人變項是一種能力中等，略有反社會人格的傾向，在認知上，期望自己能得高薪、情感上對目前的環境控制知覺低落、滿足的層次低落，情感被喚醒的層次較高，則其評價有趨於鑑定不適合的瓦解狀態，因而產生無效的行爲，在生理上有官能異常的現象，若日復一日未見改善，一旦自然成習，則可能加深環境對其官能異常行爲的影響。所以，在有機體與環境互動之中，調整個人的認知期望、目標和基模，以及情感滿足的層次、喚醒的層次、控制知覺或改變物理變項、社會／情境變項，及個人變項，符合個人的認知和情感，則能使評價免於產生無效的行爲。

結　　語

　　環境問題的解決與人類行爲之間的關係，可以用圖 13.4 來說明，當個體對處理環境問題的行爲結果有個人的信念，即產生其傾向解決環境問題的態度，再配合關於該環境問題解決行爲結果的標準信念，所產生的環境問題解決行爲的主觀的模範，促成個體凝聚注意力在環境問題解決行爲的表現，產生實際解決環境問題的行爲。然後，依其行爲再提供回饋修正有關個體對該環境問題解決行爲結果的信念，及該行爲的標準信念。因此，觀察信念形成態度，態度造成行爲的過程，可以了解信念和態度是行爲的表現之源，行爲表現又影響信念的結構。亦即是說，要有良好的環境問題解決行爲，就要有利於環境解決的信念和態度。

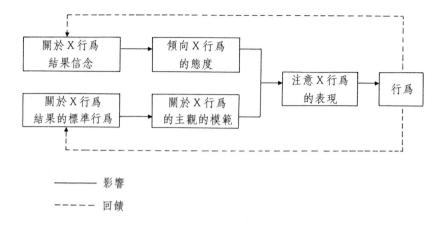

——————— 影響

- - - - - 回饋

圖 13.4　態度和行爲的推理行動模式

　　信仰和態度的建立在透過事前的環境教育，形成與環境保育相關的生活哲學。使人們了解環境科學、環境污染防制、環境管理、環境保育，並培養人與環境之間的良好關係，願意爲環境問題採取行動的價值觀。

　　Elgin 在其著作「自求簡樸」中，提出簡樸生活的通則：

1. 放鬆你的時間和精力。

2. 從事發展自己潛能的活動。

3. 關愛大地、親近自然。

4. 極度關愛世界上的貧困人們。

5. 全面降低個人日用消費額。

6. 改變消費型態。

7. 改變飲食習慣。

8. 生活中減少喧鬧、零亂、煩雜。

9. 政策性地購買消費品。

10. 選擇可循環或再生使用之物品。

11. 追求全球福利都有實用的生活方式。

12.發展個人的日常生活技能。

13.縮小居住環境。

14.把人們之間的關係從傳統分男性與女性的角色,改變成不分性別的方式。

15.欣賞一切盡在不言中的溝通方式。

16.參加整體性的醫藥保健。

17.參與對自然的關愛行為。

18.改變交通方式。

其中第3、5、6、9、10、17、18項通則,都是與環境有關的生活哲學。「關愛大地、親近自然」、「參與對自然的關愛行為」是從人與自然的情感定位著手,把大自然的生態看成身體的延續,對自身的幸福付出高度關懷的行動,和平地參與保護自然雨林、拯救稀有動物、濕地等。「全面降低個人日用消費額」、「改變消費型態」、「政策性地購買消費品」、「選擇可循環或再生使用之物品」是從改變消費行為的習慣,減少相關物品所產生的環境污染。「改變交通方式」則是從減少車輛使用油料,促使空氣品質良好、能源充足的觀點出發。一旦人類秉持類似生活通則,勢必促使企業生產符合環境永續發展的產品,迎合消費者的需求。交通方式轉變成大眾捷運系統,減少不必要的污染浪費,人與大自然合而為一,環境一旦出現問題就像人生病一樣,必然得到完善的照顧,這又是有利於環境永續發展的信念和態度。

其次,從心理學家 Bandura(1986)的觀察學習歷程來看(如圖13.5),人類是否做出有利於環境的行為,要看他是否觀察到正向的示範事件。當環境保護的示範事件出現,個體開始注意示範事件時,若事件的示範刺激明顯度高、情感值高、複雜性低、普及性高及其功能價值高,再配合觀察者的感覺能力高,激動程度容易,知覺傾向於

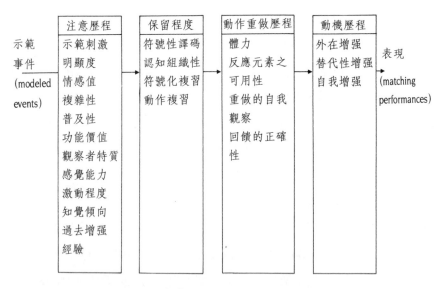

示範事件 (modeled events)	注意歷程	保留程度	動作重做歷程	動機歷程	表現 (matching performances)
示範事件 (modeled events)	示範刺激 明顯度 情感值 複雜性 普及性 功能價值 觀察者特質 感覺能力 激動程度 知覺傾向 過去增強經驗	符號性譯碼 認知組織性 符號化複習 動作複習	體力 反應元素之可用性 重做的自我觀察 回饋的正確性	外在增強 替代性增強 自我增強	表現 (matching performances)

圖 13.5　社會學習理論中所述的觀察學習歷程

重視環保，過去又有參與環保活動的良好經驗，則個體能充份注意到支持環境永續發展的正確行動。然後，透過譯碼、組織、複習的歷程，個體能將正向的行動步驟，保留在記憶中，遇到適當時機，又從正確的回饋上自我觀察行動的步驟是否正確，然後一再根據個體的體力，可用的反應元素重新執行上述動作，並從給予獎金和獎狀的外在增強，或觀看同行或同業的行為，產生替代性增強，再循自我增強的途徑，激發個體的動機，模仿表現先前的示範事件。因此，要人類養成愛護環境，必先提出可做為示範的環保實例，當個體透過注意歷程、保留歷程，及動作重複歷程，對環境保護充滿信心，或產生使命感時，即提供外在增強的誘因，或讓個體看到注意環保的好處，模仿優秀的環保事件。

　　ISO 14000 環境管理系統就是一種外在增強、自我增強或替代性增強的綜合，其內容包含組織評估和產品評估，可提供企業整體環保教育，環保管理的作業系統，使企業與環境之間產生「相生」的效

果。當通過 ISO 14000 認證的企業在國際間獲得肯定，綠色行銷成功時，其他企業的仿同表現增加，則環境問題自然減少。

綜上述觀點，作者認為要解決環境問題，使人類行為傾向永續發展，除建立個人在環境中的行為有永續發展的信念和態度之外，還需依據 ISO 14000 發展外在增強、替代性增強、自我增強的示範事件，使個人或企業的環保行動受到酬賞。

參考文獻

周顯光譯（1995），Preston Gralla 著（1994）。環保與生態。香港：緯輝電子出版公司。

張至璋譯（民 85），D. Elgin 著。自求簡樸。臺北：立緒。

環保署（民 84）。環境保護年鑑。臺北：行政院環保署

Bandura, A.（1986）. Social foundations of thought and action: A social cognitive theory. New Jersey: Prentice – Hall.

Gardner, G. T., & Stern, P. C.（1996）. Environmental Problems and Human Behavior. Boston: Allyn and Bacon.

McAndrew F. T.（1993）. Environmental Psychology. California: Brooks/Cole.

Monat, A., & Lazarus, R.（1977）. Stress and Coping. New York：Columbia University Press.

Rochford, E. B. Jr., & Blocker, T. J.（1991）. Coping with "natural" hazards as stresses: The predictors of activism in a flood disaster. Environment and Behavior, 23, 171 – 194.

Veitch, R., & Arkkelin, D.（1995）. Environmental Psychology: An Interdisciplinary Perspective. New Jersey: Prentice Hall.

14

葛應欽

公害糾紛之流行病學觀

摘　要

　　在公害糾紛中，民眾往往訴求健康損害。除應分析污染源與健康損害的因果相關外，並需找出污染者的責任，因此，常需應用流行病學方法來釐清污染源、污染者、健康效應的關係。本文針對如何進行，提出「因果關係推定三原則」及「因果關係相當四原則」，並指出鑑定原則及適用範圍，如何應用流行病學方法，分析科學證據及其優缺點。

　　流行病學方法雖然對因果關係的證據，有所幫助，但仍然有其限制，由於實務中無所謂「絕對因果關係」，除目前公害糾紛處理法外，應再建立一套適合本土的公害健康被害補償法來規範。

公害糾紛的發生

民國八十一年公布之公害糾紛處理法第二條：

> 本法所稱公害，係指因人為因素，致破壞生存環境，損害國民
> 健康或有危害之虞者。其範圍包括水污染、空氣污染、土壤污染、
> 噪音、振動、惡臭、廢棄物、毒性物質污染、地盤下陷、輻射公害
> 及其他。
> 公害糾紛，指因公害或有發生公害之虞所造成之民事糾紛。

因此公害糾紛的前提是要有人為的污染源存在，並且這個污染源
會破壞人類的生存環境或損害國民健康等，受害對象不滿而引起民事
糾紛。公害糾紛事件的發生，必須有這三方面構成要件。如果有污染
源存在，但其在合法的範圍，例如按照空氣污染物排放標準，硫酸工
廠排放口二氧化硫不能超過 400ppm，主管機關按照學理，管制在此
標準內，認為雖然排放污染物，因低劑量不會造成生存環境影響，也
不致於造成公害糾紛。至於如何制訂管制標準範圍，基本上乃是根據
目前環境科學、流行病學及醫學等的研究結果而訂定，當然也會隨著
科學的進步，及評估對環境的衝擊而變更管制標準。

如果硫酸工廠因管制不良，其排放二氧化硫過量外洩，當然向廠
外逸散，如果在先進國家，因工廠區與住宅區有區隔，不致於讓社區
居民吸進二氧化硫，雖造成了環境污染，但沒有明顯受害人，大致上
不會引起公害糾紛。而臺灣地狹人稠，住宅區往往隔鄰工廠區，如果
有社區居民吸入過量二氧化硫，而造成呼吸系統的不適，甚至影響身
體健康，當然受害人得請求適當賠償。污染明顯，健康損害明顯，賠

償也明顯，這是很理想，不會引起糾紛，但很多情況，都處於污染不明顯，健康損害不明顯，賠償也不明顯的狀況下，於是糾紛就產生了。這裡「不明顯」，可以指「有」問題，也可以指「無」問題，或尚未有問題但預期會有污染，會對健康損害。

污染物與健康損害的因果關係

要釐清公害糾紛的責任，就必須先釐清污染物與健康損害的因果關係。以前述暴露二氧化硫爲例，這個「因」會造成什麼「果」呢？簡單說，可能造成健康損害。談到健康損害，必須先了解何謂健康，世界衛生組織（WHO）對健康下的定義爲：「生理上、心理上和社會上的完全安寧狀態，而不僅僅是免於疾病或虛弱」。換句話說，健康應該包括生理、心理和社會三個層面，有人認爲該定義目標太高，而受到批評，但該定義五十年來仍然是目前最通用的定義。

□果——健康損害

如何認定健康損害呢？健康損害也必須有醫師診斷上的定義與程度範圍，一個人從健康到生病到死亡有其自然史，一般分成五期：

☞ **易感受期**

一個人在健康狀態下，但危險因子或致病原已經存在。

☞ **症狀前期**

此時危險因子或致病原開始對人體產生生理或病理變化，但尚未有症狀。

☞ **臨床期**

此時有明顯病理或心理的變化，開始有診斷上察覺的症狀，有輕微，也有嚴重。

☞ **殘障期**

經過治療或不治療，有些病人會痊癒康復，有些人會產生多少的後遺症。

☞ **死亡**

疾病惡化，有些病人終告不治而死亡。

以前述暴露二氧化硫為例，正常人如沒有或暴露極低劑量二氧化硫，我們可以說是在易感受期，如濃度達 1ppm、10 分鐘，呼吸道阻力會增加，如果是 5ppm、10 分鐘，覺得易喘，我們可以說進入症狀前期，如果是 10ppm、10 分鐘，支氣管收縮，如果是 20ppm 短時間即咳嗽，400ppm 短時間即引起肺水腫、支氣管發炎，這時已是臨床期，而且是急性，如不離開可能會造成死亡。人對危害會有趨避性，尤其立即明顯並有惡臭，當然逃離過程多少受到損害。但是對於暴露低劑量往往不覺得危險，長期下來，疾病自然史各階段更明顯，較易有咳嗽、支氣管炎，易受到上呼吸道感染的毛病，客觀測量即有肺功能低下的現象，甚至造成肺部疾病，而且不論是肺功能低下或肺部疾病，從輕微到嚴重皆有之。在一個社區，自然會同時存在各種不同疾病期的人，增加健康損害定義的複雜性。

□ 因——污染物

縱使已有肺部功能低下，但如何說明肺功能低下就是由於暴露二氧化硫而來？首先必須考慮致病模式，在此提出最簡單的三角模式：環境、宿主和病原三要素的互動。三個要素產生改變，破壞原有的平衡，即會導致疾病的發生。宿主是指人類本身，有男女性別、年齡別、不同遺傳體質、不同生活型態等，這些因素都與疾病發生有關。環境因素可以指人類居住的空間，也可以是氣候、溫度等物理環境，會造成病菌的繁殖，或造成污染物的擴散。病原可以指細菌、病毒等

生物性致病原，也可以指二氧化硫等化學性致病原。

　　造成肺部功能低下的因素就相當複雜，感染、氣喘、抽菸、空氣污染物包括二氧化硫等皆可能是致因，年齡較小的或年齡較老的，其易感染性較強，容易受影響，一個肺部功能低下的人，可能年紀太大，也可能是先前抽菸引起的，但也有可能二氧化硫使肺功能低下更加惡化，因此在證明二氧化硫引起肺功能低下的因果關係，必須排除其他干擾因素，提出二氧化硫為獨立因素，或是與其他因素具有協同作用。

　　以上得知：暴露二氧化硫的「因」，即會產生許多的「果」，而「果」之一的肺功能低下，是由許多的「因」造成，二氧化硫只是其中之一。簡單說，「因」是多重，「果」也是多重。

□ 因果相關

　　從多重又多重的潛在性因果關係中，要認定單一「因果關係」相當困難，一般流行病學的書都會提出一些流行病學上判斷「因果相關」的幾個標準：

　　☞ **正確的時序性**

　　「因」一定要出現在「果」之前，先受到污染物的暴露，再有健康損害的發生。從暴露到發生健康損害也要考慮其誘導期和潛伏期。

　　☞ **醫學的贊同性**

　　符合其他醫學知識。由於醫學進步，已知某些污染物與健康效應相當特異，例如單體氯乙烯與肝血管瘤，石棉與胸膜間皮瘤。

　　☞ **相關的一致性**

　　和其他研究有類似結果。

　　☞ **相關的強度**

　　因果之間的相對危險值越大，相關強度越強，目前也需考慮其

95%信賴區間的意義。

☞ **劑量反應**

暴露污染量增加，健康損害愈嚴重。

☞ **可逆性**

可能的污染物移走，健康損害減輕。

☞ **研究設計**

證據是否來自因果關係較強的研究設計。

☞ **證據判斷**

有多少的證據可導致結論。

要達到以上的標準，相當嚴謹，我們以二氧化硫為例，可以將它簡化成四項：

1. 有暴露二氧化硫。

2. 有一定健康損害，包括肺功能低下。

3. 醫學文獻上認為二氧化硫會引起肺功能低下。

4. 排除其他會引起肺功能低下的干擾因素。

對於因果關係明確者，上列標準都沒有問題，但對因果關係不明確者，尤其要排除其他干擾因素，相當困難，在美國，針對某些暴露與疾病特異性相當高的，例如暴露石棉，發生胸膜間皮瘤，根據前面三項即認定有因果相關，不必排除其他因素引起。這是採取「因果關係之推定」，來代替傳統之「相當因果關係」，並採無過失責任。同樣，日本公害健康被害補償法律也規定合乎三項即認定有因果相關，甚至其有暴露污染物，是在指定地區居住一定期間即算，不需直接測定。在此，稱之為「因果關係推定三原則」，如尚需排除干擾因素，則稱之為「因果關係相當四原則」。

理論上，似乎有「絕對因果關係」存在，即「唯一因」引起「唯一果」，「唯一果」由「唯一因」引起，但在實務上，似乎只有一項

可以符合，這是作者在做糖尿病研究時所想到的，為取得老鼠的胰臟，必須對老鼠實行「立即斷頸術」，其唯一結果當然是老鼠死亡，老鼠死亡之唯一因，也是立即斷頸術。此外，縱使以刀子殺老鼠，老鼠的結果也可能從輕微受傷，到嚴重傷害、到死亡，會有不同的「很多果」而不是顯示「唯一果」。

流行病學證據

在公害糾紛鑑定，常常提到流行病學證據，以分析污染源與健康損害的因果相關，並找出污染者的責任。但要做流行病學分析，常會碰到許多的難題：

☞ **個人或族羣的暴露難以評估**

有時是事過境遷，決定誰暴露，暴露於何種污染物，暴露多少並不是一件簡單的事。

☞ **污染物對健康影響難以評估**

污染物本身可能扮演疾病的致病因子，但也可能扮演使疾病惡化的角色。

☞ **許多的干擾因子**

職業暴露、生活型態、吸菸，與健康影響有關的因素，都可視為干擾因子，如何排除，相當困難。

□ 流行病學方法

環境流行病學的發展，雖仍有其限制，但是其方法可以提供這方面的應用，其中有四種屬於觀察性研究的分析方法較常使用，包括世代研究法、病例對照法、橫斷面研究法及生態研究法。

☞ **世代研究法**

　　世代研究法是追蹤一羣沒有病的人，這些人從前未暴露污染物，而現在開始，一部分人暴露污染物，其餘的仍沒有暴露污染物（稱爲同期追蹤），或一部分的人曾經暴露污染物，其餘的人仍沒有暴露污染物，但未發病（稱爲非同期追蹤）。經過一段時間後，暴露組可能有 a 個人發病，b 個人未發病，非暴露組可能有 c 個人發病，d 個人未發病，然後計算暴露組發病率相對於非暴露組的發病率，叫做相對危險比，即等於 $a/a+b / c/c+d$，並計算 95% 信賴區間，以了解其涵蓋範圍的意義性。這是最單純的定義，如果再有干擾因素，例如：年齡別、性別、吸菸與否等等，則必須使用複雜的多變項對數迴歸調整。所以世代研究法基本上是先由「因」著手，然後再追蹤是否有「果」的發生，其在時序上相當明確，適合調查稀少的「因」，但需花長時間，不適合調查稀少的「果」，例如癌症，從暴露致癌物，到癌症發生，往往要一、二十年，不知要如何追蹤調查？

　　因此國際癌症研究中心，就提出代替的方法，使用標準化發生比，或標準化死亡比。其特點是利用一羣人，其暴露致癌物及發生癌症，或死於癌症皆已完成，換句話說，其可能的「因」、「果」皆已完成，把暴露組資料蒐集完整，當作觀察值，另外找一個很大的標準人口，調整其基本的年齡別、性別，當作正常期待值，計算觀察值與期待值之比，即可得標準化發生比（或死亡比），例如某塑膠工廠，員工從一九五○年就開始工作，其潛在暴露物是單體氯乙烯，到目前一九九七年，一共暴露四十七年，有五位工人發生或死於肝血管癌，這就是觀察值，另外找全臺灣地區人口當作標準人口，計算從一九五○年到一九九七年，各相對年齡層有多少人發生或死於肝血管癌，再除以各年齡層人口數總和相加即成爲正常期待值。觀察值與期待值之比值大於 1，95% 信賴區間也不包含 1，即可知道塑膠工人有過量或

較多的肝血管癌。

　　☞ *病例對照研究法*

　　病例對照研究法基本上是先由「果」著手，然後再回溯是否有「因」的暴露，例如從醫院找兩百個病理證實的原發性肺癌病例，同時從同家醫院找兩百個配對年齡別、性別的非肺癌病例，然後詢問肺癌病例有 a 個人曾經住在工業區三公里內，c 個人從未住在工業區三公里內，非肺癌病例有 b 個人曾經住在工業區三公里內，d 個人從未住在工業區三公里內，則兩組的相對危險比值為 ad／bc，並計算 95% 信賴區間，以了解其涵蓋範圍的意義性，以本例來看，雖然其暴露經驗是回憶的，而在時序上也可說明暴露先於肺癌發生，且較省時間，可用於稀少的疾病，但不適合調查較稀少的暴露，易有選擇偏差及回憶偏差，是其弱點。

　　☞ *橫斷面研究法*

　　橫斷面研究法，其特點是在同樣時間內，同時調查暴露與疾病，例如調查社區兒童的氣喘與空氣污染的相關，有些兒童的氣喘可能是很早以前即發生的舊個案，也有些可能是最近發生的新個案，但空氣污染是現在的資料，因為是現在同時調查，所以「因」「果」時序上就不明確，是其最大弱點，但省時省錢是其優點，且可提供相關的線索。

　　☞ *生態研究法*

　　上述三種方法皆是針對個人各別調查，而生態研究法則是把一群人當作一個單位，調查與暴露的相關，例如找十餘個社區，計算各社區民眾肺部疾病的死亡率，並找出各社區空氣污染的資料，分別相對求其相關性。由於其非觀察個人，可能有生態謬誤的陷阱，無法排除一些干擾因素，但省時省錢，且適合調查稀少疾病，提供快速的線索是其優點。

□ 暴露污染物的測量

☞ 環境指標

主要評估在特定時間內民眾吸收了多少污染物，所需測定及鑑定的資料，包括吸收何種污染物、實際濃度、重要的暴露途徑、進入人體的方式、實際吸收的內在劑量，及受暴露的人口大小及特性，暴露評估以環境監測、人體監測，或模式模擬為基礎，都是間接測量，環境監測是在固定點蒐集及分析空氣、水、土壤等樣本，了解其鑑定的資料，適合用在大區域或大羣人類族羣，另外也可用個人採樣器蒐集污染物作個別的監測，其結果比環境監測來估計個人暴露量當然正確，但花費較貴。若個體或族羣直接測量暴露不可行，也可採用模式模擬污染物存在環境之中。流行病學的研究，有時使用問卷，蒐集暴露資料，例如在有毒廢棄物處居住年數、職業類別等。也可以進一步用自行報告的數據來估計，例如個人吸菸史、有無使用農藥等。

☞ 生物指標

生物偵測數據可能更精確，包括暴露指標、有效劑量、生物效應指標、易感性指標等。暴露指標是測量人體內之外生物質或其代謝物質，或是外來物質與體內分子，細胞交互作用之產物。有效劑量指一段時間後，身體部位生理功能改變，例如直接測血中鉛，或測尼古丁的代謝物 Cotinine，作為測量環境菸害之敏感指標。生物效應指標是測量人體內生化、生理或其他可被測量之改變，用於辨認疾病或傷害之發生及其嚴重性，目前利用分子生物技術的發展，例如 DNA 與 Benzo[a]pyrene 共價鍵結物的測量，將可提供更精確的個人暴露估計。易感性指標是指可在流行病學研究上辨別個人或族羣發生疾病之感受性，例如測乙醯化基因型或表現型，表現型慢者，Arylamine 之致癌物解毒代謝速率較慢，易發生膀胱癌。

過去空氣污染與社區居民健康效應的研究，大多以生態數據來估計，因為是一羣人暴露同樣的環境，很難測量個人各別的差異，而且生態暴露物也不一定會進入人體，例如大於 10 微米的懸浮微粒。所以目前有關生物指標的研究相當熱門，提供精確的暴露估計。

臺灣實例分析

　　由行政院環境保護署公布的資料，歷年來重大公害糾紛事件彙整，民國五十二年發生在新竹化工廠的公害糾紛，是最早有記錄的公害糾紛案例，在五〇年代只有兩件，六〇年代增加為四十七件，七〇年代則為三百零五件，大部分是污染物空氣污染，有一百五十二件，佔 43%，水污染九十二件次之，佔 26%。而訴求的受害體，大多是農業、漁業、畜牧業、土地等民眾財產之損害，當然也有人體健康損害的訴求，雖然公害鑑定涉及複雜性、專業性、科學性，比起人體健康損害的因果關係證據，可能農業水產等財產之損害鑑定，就容易多了。而民眾對於公害糾紛如涉及健康損害之虞者，過去常會要求作健康檢查，八〇年代後則比較進步，會要求作流行病學分析。

□ 因果關係推定三原則

　　如根據前述「因果關係推定三原則」，下列幾種型態可以考慮符合推定原則：

☞ **單一污染源、單一污染者、健康效應具有高度特異性**

· 石棉工廠工人或附近社區居民，患有胸膜間皮瘤，根據行政院衛生署生命統計資料，每年臺灣大約有零至九個胸膜間皮瘤死亡個案。腹膜間皮瘤應也可以考慮，每年臺灣大約有一、二十個死亡個案。

．氯乙烯工廠工人或附近社區居民，患有肝血管瘤，臺灣未曾有報告死亡個案，可能有之而未報告。必須注意的，按照第一原則，受害人需是工人，或這些工廠附近居民，至於距離，三公里內應可以考慮，到目前為止，也未曾有關這兩種致癌物糾紛報告。

☞ **單一污染源、單一污染者、急性健康效應**

民國七十九年三月，高雄市旗津中洲污水廠，氯氣外洩，同時附近居民一千餘位感到不適就醫，符合「因果關係推定三原則」，雖然有些民眾要求金錢賠償，但最後以支付體檢費一億多元結束糾紛，是否所有一千餘位不適就醫者是因氯氣外洩引起，就不排除其他干擾因素，可能也有真正因氯氣而不適者，沒有就醫，也就不被承認包括在內。

☞ **單一污染源、未知污染者、急性健康效應**

民國六十七年十一月，高雄市楠梓區發生四百多人氰酸中毒之公害糾紛。中毒居民反應有杏仁味、兩眼通紅、流淚、咽喉疼痛、呼吸困難、嘔吐、昏迷等症狀，並由附近溪水取樣，化驗有高濃度之氰酸。問題是當時因法律不全，只能猜測由大社工業區某一、二家工廠污染，在無法確定單一污染者，後來由大社工業區各廠商共同捐款救濟，勉強稱之共同污染者。

☞ **多重污染源、未知污染者、可能有急性健康效應**

臺灣金屬資源缺乏，一些商人把美國廢棄的金屬運回臺灣，以各種土法煉鋼方式，如露天燃燒加以回收有用的金、銀、銅、鋁、鉛、鈀、鉑等貴重金屬，民國六十八年十月在臺南市灣裡焚化廢五金的土壤、飛灰可以檢驗出含有戴奧辛（Dioxin）及其他毒物。並且由研究人員發現高污染區有較高畸型胎兒發生率，本例屬於多重污染物，問題是污染者眾多，無法確定污染者。居民曾經抗議，但後來強制禁止

燃燒，未再引起糾紛。此外由於燃燒多年，可能會引起附近居民的慢性健康效應，例如呼吸道疾病，經過一段引導期及潛伏期，是否肺癌發生率會增加，值得觀察。

☞ **單一污染源、單一污染者、慢性健康效應**

興達火力發電廠之儲煤場（民國七十一年開始儲煤），儲煤面積二十三公頃，可儲煤一百六十萬噸，在東北風或北風季節，煤塵即飄落到南邊社區民宅，造成生活環境之污染，因此居民起而抗爭，經過中華民國環境保護學會調查鑑定，認定污染屬實，污染者須負責賠償。這是對生活環境污染之因果關係鑑定，較為單純，但基本上屬於「因果關係推定三原則」，即可認定，不需排除干擾因素。既然生活環境可以被污染，居民當然也會懷疑歷經多年的暴露是否也會對身體健康產生危害，經過調查，認為當地居民比居住較遠地區的民眾，肺功能較差，並可測得可呼吸性粉塵平均為 $241 \mu g/m^3$，其中煤塵約佔 18%。其他慢性健康效應，唯暴露時間尚短，尚待進一步觀察，因健康危害尚不明顯，污染者不承認，糾紛繼續爭執中。但既然已顯示肺功能較差，難道居民還要繼續住到有危害生命現象出現時，才結論有證據顯示其因果相關的結果嗎？將來如果有危害身體健康事實，則不是單純公害糾紛、民事賠償、無過失責任的問題。

當地尚有大型火力發電廠，排放更多、更毒污染物，另外東南邊也有小型工業區，如將來需作公害鑑定，必須進一步適用「因果關係相當四原則」。

□因果關係相當四原則

☞ **多重污染源、多重污染者、慢性健康效應**

臺灣的石油工業開始於戰後，而石化工業則由一九六〇年代開始，到一九七〇年代於高雄地區的北（左營、楠梓、仁武、大社）、

中（前鎮）、南（林園），大量擴展，民國七十六年七月，楠梓後勁民眾，包圍中油公司高雄煉油總廠，阻止五輕建廠，訴求過去的污染，引起的生活環境污損及身體健康危害，要求遷廠，在此區石油石化工廠林立，生產過程排放污染物至少十數種為致癌物，因此是典型多重污染源、多重污染者，要了解是否與民眾癌症的發生有關，相當複雜，首先針對工廠員工作癌症標準化死亡比，這是世代研究方法之一種，但有可能會有健康工人效應，所以必須再做比例標準化死亡比。同時針對附近社區居民一樣作癌症標準化死亡比，但對居民來說，此方法比較接近生態研究方法。如果員工和居民有過量的癌症死亡，此死亡癌症和醫學文獻記載暴露石油石化工業之癌症效應相符合，基本上已符合「因果關係推定三原則」。如果要進一步符合「因果關係相當四原則」，需排除干擾因素，可以用病例對照研究方法，如果病例已死亡，則對照也需取死亡對照，並由相等的家屬回答問卷，避免鑑別性分類錯誤。至於未死亡癌症病例，可以考慮分子流行病學的方法，唯此方面技術才開始發展。

☞ **未知健康效應**

對於哪些污染物會引起那些健康效應，醫學文獻累積了很多的證據與報告，但是證據有限，不充分，或未知的更多，而且往往目前認為某些污染物，或者是低劑量的污染物不會造成健康危害，但明日又有科學證據顯示其危害。要鑑定因果關係相當困難，除了必須以因果關係相當四原則進行外，可能應再有實驗流行學、分子流行病學或其他醫學證據。

□ 預期健康危害

如果已發生健康危害，事後的補償已難挽回生命，因此基於科學已知事實，很多民眾預期工廠會造成污染，而阻止建廠、擴廠等紛

爭，如果是污染性大的，應該請其關廠。未來也應有規劃工廠區與住宅區的分隔，在設廠前也應有環境評估，此評估宜包括健康危害。

結　語

臺灣發展至今，工廠區有住宅，住宅區有工廠，到底誰先來後到，過去沒有規劃，因地狹人稠，往往是工廠設立後，附近社區就繁榮起來，當然也有工廠為各種方便，就設在住宅區附近，以工廠的立場來看，是他們先來，以民眾的立場來看，他們有住在那裡的自由。要如何區隔？或者誰要遷移？則不是容易的事。因此常引起糾紛。

目前雖然有公害糾紛處理法，對於急性污染案件，較容易處理，但對於長期慢性的健康影響，由於因果關係認定的問題，爭論很多，因此，常需應用流行病學方法來釐清污染源、污染者、健康效應的關係，本文提出如何應用其方法，分析科學證據，並指出鑑定原則及適用範圍，整理如表。流行病學方法雖然對因果關係的證據，有所助益，但仍然有其限制，宜參考日本或其他國家，建立一套適合本土的公害健康被害補償法來規範「因果關係相當四原則」、「因果關係推定三原則」、「無過失責任」，並籌措基金。按照程序制度化，以理性解決爭端，減少公害糾紛，雖然期待不要有公害糾紛發生，但過去臺灣工業的發展，公害產生的健康效應也漸漸要收成，這方面的公害糾紛可能更層出不窮。

表 14.1 公害糾紛與因果相關的流行病學方法

因果相關	鑑定原則	適用範圍	流行病學方法
一、因果關係推定（三原則）	1. 須有暴露此類污染源 2. 須有此種健康效應 3. 醫學文獻證實：此類暴露引起此種健康效應	1. 污染源、污染者、健康效應三方面明顯 2. 急性健康效應且地理位置相關	1. 病例系列 2. 生態研究法 3. 橫斷研究法 4. 標準化發生比或標準化死亡比
二、因果關係相當（四原則）	1. 上述三原則，加上 2. 須排除此種健康效應的干擾因素	1. 污染源、污染者、健康效應三方面不明顯	1. 病例對照研究法 2. 世代研究法 3. 實驗流行學證據 4. 分子流行病學或其他醫學證據

參考文獻

江東亮（1992）。健康與公共衛生的歷史。公共衛生修訂版，1－35 頁。陳拱北預防醫學基金會主編。臺北：巨流圖書公司。

Beaglehole R., Bonita R., Kjellstrom T.（1993）. Causation in epidemiology. In Basic Epidemiology. World Health Organization, Geneva, pp.71－81.

日本環境廳（1993）。公害健康被害補償制度研究會。公害健康被害補償預防手引，1－90頁。日本：東京。

Breslow NE, Day NE.（1987）. Statistical methods in cancer research. Volume II──The design and analysis of corhort studies. IARC Scientific publications No.82, Lyon.

行政院環境保護署（1996）。公害鑑定技術手冊總論。臺北。

孫岩章（1993）。環境污染與公害鑑定。臺北：科技圖書公司。

葛應欽（1996）。臺灣空氣污染與社區居民健康效應。高雄醫誌，12，657－669頁。

Pan BJ, Hong YJ, Chang GC, Wang MT, Cinkotai FF, Ko YC.（1994）. Excess cancer mortality among children and adolescents in residential districts polluted by petrochemical manufacturing plant in Taiwan. J Toxicol Environ Health 43: 117－129.

國家圖書館出版品預行編目資料

衝突管理／汪明生，朱斌妤等著.
--初版.--臺北市：五南，1999 [民88]
面；　公分
ISBN 978-957-11-1782-9（平裝）
1.衝突(社會學)　　2.危機管理
494　　　　　　　　　　88003912

1P09
衝突管理

作　　者 － 汪明生　朱斌妤(55)

發 行 人 － 楊榮川

總 編 輯 － 王翠華

主　　編 － 劉靜芬

責任編輯 － 李奇蓁

出 版 者 － 五南圖書出版股份有限公司

地　　址：106台北市大安區和平東路二段339號4樓-

電　　話：(02)2705-5066　　傳　　真：(02)2706-6100

網　　址：http://www.wunan.com.tw

電子郵件：wunan@wunan.com.tw

劃撥帳號：01068953

戶　　名：五南圖書出版股份有限公司

台中市駐區辦公室/台中市中區中山路6號

電　　話：(04)2223-0891　　傳　　真：(04)2223-3549

高雄市駐區辦公室/高雄市新興區中山一路290號

電　　話：(07)2358-702　　傳　　真：(07)2350-236

法律顧問　元貞聯合法律事務所　張澤平律師

出版日期　1999年4月初版一刷
　　　　　　2013年3月初版七刷

定　　價　新臺幣405元